教育部－西门子产学合作专业综合改革项目系列教材

机械设计综合实训

阳 程 焦丽丽 严潮红 编著

电子工业出版社
Publishing House of Electronics Industry
北京·BEIJING

内 容 简 介

本教材是教育部"西门子 2013 年产学合作专业综合改革项目"系列教材之一(教高司函〔2013〕101 号),采用任务驱动的教学方式,将理论知识、设计方法与操作步骤融于具体设计案例,符合"卓越工程师培养计划"提出的按照行业、企业标准培养工程实践人才的要求。

本教材在内容编排上,以培养产品设计能力为目标,以典型机械产品为设计案例,以产品设计流程为依据,将 NX 贯穿于机械产品总体方案设计、传动系统设计、部件设计、零件的详细设计、运动分析及有限元结构分析、工艺规程与夹具设计等;整合了机械原理、机械设计、机械制造装备、机械制造工艺等课程,突破了单一课程设计的不系统性和零散性,构建了以机械产品设计能力为主线,工程规范意识和工程素养为培养目标的机械设计综合实训课程内容体系。

本教材适用于普通高等院校工科机械类各专业教学,可用于机械设计综合实践课程,也可用于机械原理、机械设计、机械制造工艺与装备设计等课程的课程设计,还可作为毕业设计的参考书。

未经许可,不得以任何方式复制或抄袭本书之部分或全部内容。
版权所有,侵权必究。

图书在版编目(CIP)数据

机械设计综合实训/阳程,焦丽丽,严潮红编著. —北京:电子工业出版社,2015.12
教育部—西门子产学合作专业综合改革项目系列教材
ISBN 978-7-121-27650-7

Ⅰ. ①机… Ⅱ. ①阳… ②焦… ③严… Ⅲ. ①机械设计-高等学校-教材 Ⅳ. ①TH122

中国版本图书馆 CIP 数据核字(2015)第 282888 号

策划编辑:许存权
责任编辑:许存权　　特约编辑:刘丽丽　王　燕
印　　刷:三河市华成印务有限公司
装　　订:三河市华成印务有限公司
出版发行:电子工业出版社
　　　　　北京市海淀区万寿路 173 信箱　邮编　100036
开　　本:787×1 092　1/16　印张:9　字数:230 千字
版　　次:2015 年 12 月第 1 版
印　　次:2015 年 12 月第 1 次印刷
定　　价:29.00 元

凡所购买电子工业出版社图书有缺损问题,请向购买书店调换。若书店售缺,请与本社发行部联系,联系及邮购电话:(010) 88254888。

质量投诉请发邮件至 zlts@phei.com.cn,盗版侵权举报请发邮件至 dbqq@phei.com.cn。
服务热线:(010) 88258888。

Preface

Siemens PLM Software has partnered with the Education Management Information Center of the People's Republic of China Ministry of Education (MOE) to support education in engineering technology and help provide the global manufacturing industry with a highly trained and heavily recruited workforce.

This textbook cultivates innovative engineering technology talent and enhances career competitive advantages for china's university students. It supports the use of leading edge technology to give students a solid platform to become the excellent engineer in the 21st century, and the pioneer the development of digital and intelligent manufacturing throughout the country.

This book combines theory and practice through explanation and examples to enhance the reader's basic knowledge and skills product lifecycle management (PLM).

The curriculum integrates attributes and processes from Siemens PLM software, which is used by leading manufacturing companies around the globe to develop some of the world's most sophisticated products. This includes NX™ software for integrated computer-aided design, manufacturing and engineering simulation (CAD/CAM/CAE), Teamcenter® software for digital lifecycle management software and Tecnomatix® software for digital manufacturing.

Strong instruction by top Chinese universities accelerates the development of certified industrial IT talent and boosts the application of computer-aided and digital technologies in the field of engineering.

We are impressed with the innovative engineering design projects developed by students leveraging this textbook with top notch classroom instruction.

Leo Liang
CEO and Managing Director
Greater China
Siemens PLM Software

Dora Smith
Global Director
Academic Partner Program
Siemens PLM Software

序 言

  Siemens PLM Software 与教育部高等教育司合作，支持工科类教育事业，为全球制造业培养和提供大量训练有素的人才。

  本系列教材适用于创新型工程技术人才的培养，有助于提高大学生的职业竞争力，为学生成为21世纪优秀工程师、全国的数字化和智能制造业发展先驱提供了一个领先的技术平台。

  本系列教材理论和实践相结合，通过详细的解析及案例分析，增强了读者掌握产品全生命周期（PLM）的基本知识和技能。

  本系列教材集成了Siemens PLM Software的操作及属性，该软件被全球制造业公司用于开发最复杂的产品，软件包括NX™集成计算机辅助设计、制造和工程仿真（CAD/CAM/CAE）软件、Teamcenter®产品全生命周期管理软件、Tecnomatix®数字化制造软件。

  在其强有力的引导下，中国顶尖大学加速了工业认证IT人才的发展，提高了计算机辅助技术和数字化技术在工程领域的应用水平。

  我们深信，读者在本系列教材及顶级课堂教学的指引下，便能掌握创新性工程设计项目的开发。

梁乃明
首席执行官兼董事总经理
大中华区
Siemens PLM Software

Dora Smith
全球总监
教育合作发展部
Siemens PLM Software

前　言

本书是教育部"西门子 2013 年产学合作专业综合改革项目"系列教材之一（教高司函〔2013〕101 号）。

现代机械产品的设计具有两个重要特点：一是采用自顶向下的设计方式，另一个是多人参与、协同完成。Siemens NX 作为当今世界上紧密集成的、面向制造行业的 CAD/CAM/CAE 高端软件，广泛应用于工程中的概念设计、工业设计、机械产品结构设计，以及工程仿真和数字化制造等各个领域。它提供了一个基于过程的产品设计环境，使产品开发从设计到加工制造真正实现数据的无缝集成，从而优化了企业的产品设计与制造流程。

本教材以培养产品设计能力为目标、以典型机械产品为案例、以产品设计流程为依据组织教学内容、安排章节。在内容上整合了机械原理、机械设计、机械制造装备等课程，突破了单门课程设计的不系统性和零散性，构建以机械产品设计能力为主线，工程规范意识和工程素养为培养目标的设计综合实训课程。

本教材采用任务驱动的教学方式，将理论知识、设计方法与步骤融于具体设计案例。教材选取企业的真实产品作为设计内容，在案例的设计流程中循序渐进地阐述设计所用到的知识、技能，注重培养学生综合运用所学知识解决实际问题的能力。

本教材基于 Siemens NX 集成的 CAD/CAM/CAE 系统，将三维设计制造软件 NX 系统有机地融入并贯穿于产品设计全过程，适应制造业发展现状和需求，符合"卓越工程师培养计划"提出的按照行业、企业标准培养工程实践人才要求，推进了教学内容和教学手段的现代化。

本教材十分重视产品设计标准和规范的教学，指导学生合理运用标准、规范、手册、图册等有关技术资料进行产品设计，着力培养学生的工程规范意识和工程素养。

本书第 1,2,5 章由阳程编写，第 3 章由焦丽丽、严潮红编写，第 4 章由严潮红编写。

本教材在编写过程中得到盐城工学院刘德仿副院长、Siemens PLM Software 公司沈利群女士的具体指导；同时还参考了国内同行编写的很多同类优秀教材，在此一并致以衷心的感谢！

本教材是西门子公司产学合作专业综合改革项目和盐城工学院"十二五"期间首轮实验（实训）教材出版基金资助教材，教材编写所使用的 NX 系统，由 Siemens PLM Software 公司 GO PLM 计划捐助。

限于编者学识水平，书中的不妥甚至错误之处在所难免，敬请广大读者批评指正。

Jim Rusk
产品工程软件高级副总裁
Siemens PLM Software

目 录

第1章 自顶向下与系统工程设计方法 …… 1	第3章 车床主轴箱设计 …………… 47
1.1 机械设计过程比较 ……………… 1	3.1 主轴箱设计条件与设计内容 …… 47
1.2 参数化技术 …………………… 3	3.2 传动件的设计计算 …………… 47
1.3 自顶向下产品设计模式 ………… 4	3.2.1 V带传动的计算 …………… 49
1.4 系统工程产品设计模式 ………… 5	3.2.2 计算转速、功率的确定 …… 50
1.4.1 系统工程的概念 …………… 5	3.2.3 齿轮的计算 ……………… 51
1.4.2 系统工程设计模式下的	3.2.4 传动轴的计算 …………… 52
产品设计过程 …………… 5	3.2.5 离合器的选择与计算 …… 54
1.4.3 NX中系统工程的实施	3.3 主轴箱数字化样机自顶向下
方法 …………………………… 6	设计 ………………………………… 55
1.5 产品设计实例 ………………… 11	3.3.1 总体布局——控制结构
1.6 本章小结 ………………………… 17	的设计 …………………… 55
1.7 思考与练习 ……………………… 17	3.3.2 轮系组件的设计 ………… 58
第2章 机床总体与传动系统设计 …… 18	3.3.3 轴系组件的设计 ………… 60
2.1 设计条件 ………………………… 18	3.3.4 拨叉组件的设计 ………… 68
2.2 设计内容与设计流程 …………… 18	3.3.5 箱体及附件的设计 ……… 69
2.2.1 普通机床设计的内容 …… 18	3.3.6 各组件工艺等详细结构
2.2.2 基于NX的机床设计	的设计 …………………… 72
流程 ……………………… 19	3.4 工程图设计 ……………………… 73
2.3 机床总体设计 …………………… 20	3.4.1 零件工程图 ……………… 73
2.3.1 确定机床运动方案 ……… 20	3.4.2 装配工程图 ……………… 83
2.3.2 确定机床主要技术参数 … 21	3.5 本章小结 ………………………… 87
2.3.3 机床总体布局 …………… 26	3.6 思考与练习 ……………………… 87
2.4 机床传动系统设计 ……………… 28	第4章 零部件运动仿真与结构有限元
2.4.1 主轴箱传动设计 ………… 28	分析 ………………………………… 88
2.4.2 进给箱传动设计 ………… 30	4.1 运动仿真概述 …………………… 88
2.4.3 溜板箱传动设计 ………… 36	4.2 运动方案的建立与参数设置 …… 88
2.4.4 绘制机床传动系统图 …… 39	4.2.1 运动方案的建立 ………… 88
2.5 基于NX软件建立机床总体控	4.2.2 运动参数的设置 ………… 89
制结构 …………………………… 41	4.3 连杆 ……………………………… 90
2.5.1 机床联系尺寸图 ………… 41	4.3.1 创建连杆 ………………… 90
2.5.2 建立机床总体控制结构 … 41	4.3.2 连杆属性 ………………… 90
2.6 本章小结 ………………………… 46	4.4 运动副 …………………………… 92
2.7 思考与练习 ……………………… 46	4.4.1 运动副类型 ……………… 92

  4.4.2 Gruebler 数与自由度 …… 92
  4.4.3 旋转副 …………………… 93
  4.4.4 滑动副 …………………… 94
  4.4.5 齿轮副 …………………… 94
  4.4.6 齿轮齿条副 ……………… 95
  4.4.7 点在线上副 ……………… 96
  4.4.8 线在线上副 ……………… 97
 4.5 运动驱动 ……………………… 98
  4.5.1 恒定运动驱动 …………… 98
  4.5.2 简谐运动驱动 …………… 99
  4.5.3 函数运动驱动 …………… 100
  4.5.4 铰接运动驱动 …………… 100
 4.6 仿真解算与结果输出 ………… 101
  4.6.1 解算 ……………………… 101
  4.6.2 动画的播放及输出 ……… 101
  4.6.3 封装选项 ………………… 102
  4.6.4 图表功能 ………………… 103
 4.7 机床主轴箱运动仿真分析 …… 105
 4.8 NX 高级仿真概述 …………… 107
 4.9 NX 高级仿真操作流程 ……… 107
 4.10 机床主轴有限元分析 ……… 117
 4.11 本章小结 …………………… 121
 4.12 思考与练习 ………………… 121
第 5 章 设计综合实训课程教学实施 … 122
 5.1 设计综合实训目的和要求 …… 122
  5.1.1 设计综合实训的教学目的 ……………………… 122
  5.1.2 设计综合实训的教学要求 ……………………… 122
 5.2 设计综合实训教学实施 ……… 123
 5.3 设计综合实训内容与考核评价 …………………………… 129
  5.3.1 设计综合实训的主要内容 ……………………… 129
  5.3.2 考核方法及成绩评定 …… 132
参考文献 ……………………………… 134

第 1 章　自顶向下与系统工程设计方法

在 NX 环境下，进行产品开发的过程与传统模式下的产品开发有明显的不同，其工作效率、控制方式、文件管理都是大不相同的。传统设计模式的复杂性、效率的低下性、团队合作的困难性等难以满足现代环境下快速多变的设计需求，因此，必须要用新的设计模式来代替原有的设计模式。

目前，有多种工程软件能满足这种需求，如 NX、PRO/E、CATIA、SOLIDWORKS 等。其中，NX 可以实现从产品概念设计到定型设计、产品加工、模具设计、仿真分析等一系列过程的完整管理与服务，即所谓的全生命周期管理软件。目前的相关教材多数停留在单个零件的造型、加工、工程图、模具设计等基本应用阶段，没有将 NX 整个产品的完整开发作为重点讲解，没有脱离传统的设计模式。本章将介绍如何通过一个团队，对一个复杂产品进行高效率开发、组织及管理等内容。

1.1　机械设计过程比较

机械产品传统设计过程如图 1-1 所示，其特点如下。

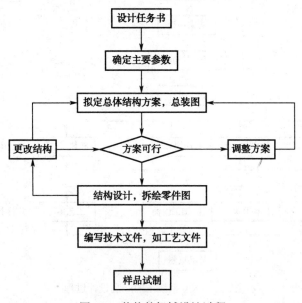

图 1-1　传统的机械设计过程

(1) 所有环节都是依靠设计者用手工方式来完成的，因此设计速度慢，可修改性差，不便检查。一般而言，传统设计是根据设计者直接的或间接的经验知识，通过类比分析法或经验公式来确定设计方案。方案选定后按机械零件的设计方法设计零件或按标准选用零件，最后绘出整机及部件的装配图和零件图，编写技术文件，从而完成整机设计。

(2) 传统的机械设计方法，设计者的大部分时间和精力都耗费在装配图和零部件图的绘制上（绘图工作约占设计时间的70%左右），因而对整机和全局的问题难以进行深入的研究。对于一些困难而费时的分析计算，常常只得用作图法或类比定值等粗糙的方法，因此，方案的拟定在很大程度上取决于设计者的个人经验。在分析计算工作中，由于受人工计算条件的限制，只能采用静态的或近似方法而难以按动态的或精确的方法计算，计算结果未能完全反映零部件的真正工作状态，影响了设计质量。

(3) 设计工作周期长，效率低。由于每一幅工程图都要由设计者一笔一笔地绘制出来，花费了大量时间。如果在实施过程中，出现了结构或原理方面的修改，则整个图样要大量返工或推倒重来；即使只有少量结构图要修改，如果该结构涉及其他相关部件较多，其修改工作量仍然是可观的。

(4) 图样的可利用率几乎为零。系列或同类产品重复绘制图样，大大影响了设计效率。

(5) 不能及时进行动力学与运动学分析，只有通过实验来完成这些工作。

利用现代虚拟环境，使用各种工程软件来完成机械产品的设计与开发，就能圆满地解决这些问题。图1-2所示为在NX系统下的机械产品设计过程。可以看出，由于使用自顶向下的设计模式，综合运用系统工程理论，以及使用全关联参数化设计，使得产品的设计从概念模型到最后的产品完成，具有如下诸多好处。

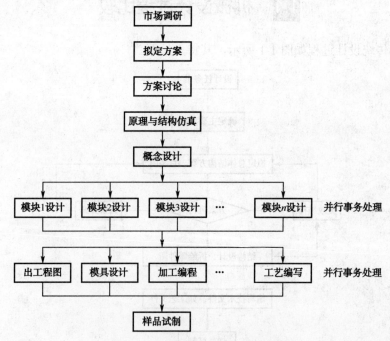

图1-2　NX系统下的产品设计过程

（1）设计者可以将大部分精力用于解决全局性问题而不是画图工作。

（2）应用 WAVE 设计模式，产品具有关键参数控制功能，保证了相连部件间的尺寸关联，达到尺寸的一致性。

（3）使用三维设计，可以很形象地看到部件的每一个细节，从而判断其正确与否。

（4）可以很方便地进行类似设计，或进行产品整体结构或局部结构的修改而不用从头来，从而节约大量的重复时间。

（5）相关或类似零件可以再生，零件利用率高；能进行原理性、结构性的动力学或运动学仿真，减少实验成本与设计差错。

（6）整个设计采用并行设计模式，具有高效、可重用、易修改维护等优点。

在图 1-2 中提到的概念设计，对不同领域而言，其含义是不同的。在 NX 设计环境下，概念设计可以理解为根据用户对产品的实用性、安全性、经济性等需求，提炼出产品的外观、结构、形状、性能等设计参数，并以模块的形式设计出对应的产品初步模型，然后在这个基础上进一步细化，最终得到产品的每一个细节结构的过程，概念设计的主要任务如下。

（1）根据用户需求，确定系统总体布局与关键控制参数。

（2）划分并确定系统模块，设计模块间联系参数，多以草图、表达式、基准及曲线形式给出。

（3）将设计方案中得到的系统参数分配到系统全局及各模块中。

（4）体现各模块间的联系，并将这些联系复制到相关模块中。这种设计体现了系统工程的思想，将一个复杂系统分成若干个具有逻辑联系的模块，各模块相对独立或各模块间仅有少量联系，由参数进行传递，从而使各模块可以相互独立设计，细节设计完全由各模块的设计者自行决定。各模块可以由不同的设计团队同时进行设计，提高了工作效率。

（5）使用自顶向下的设计模式，使大而复杂的系统变得简单化，降低了复杂程度；提高了通用性与互换性。当各模块设计好后，各工作部门可以同时进行出工程图（总装图、部装图、零件图），模具设计（五金模、塑料模、压铸模），加工编程，三维装配与爆炸图，工艺文件编写与制订等工作。

在 NX 环境下，其设计结构的相关联性既减少了大量的重复工作量，又保证各相关零件间的尺寸一致性，从而保证了整个设计的高度可维护性。

1.2 参数化技术

在 NX 的产品设计中，时常用到"参数化"这个概念。参数化（Parametric）的设计，又称为尺寸驱动（Dimension-Driven）设计，是 CAD 技术在实际应用中提出的课题，它不仅可使 CAD 系统具有交互式功能，还具有自动化和智能化的功能。

参数化技术大致可分为如下三种方法：基于几何约束的数学方法、基于几何原理的人工智能方法和基于特征模型的造型方法。参数化设计有一种驱动机制，即参数驱动，参数驱动机制是基于图形数据的操作。通过参数驱动机制，可以对图形的几何数据进行参数化修改。

NX 的参数化技术，包括了约束建模、特征建模及人工智能的多种方法。一般地，按参数影响的范围又可分为零件内参数化建模、零件间参数化建模和产品间参数化建模三类。

所谓零件内参数化，简单地说就是在建立一个零件时，将一个或多个参数作为驱动参数，其余参数与之关联，达到驱动参数的改变，其余参数自动改变的目的。

NX 中用什么工具与方法来完成参数化建模？在零件内，通过约束和基于特征模型的方式进行参数化建模；在零件间，除了上面两种方法外，还可使用 WAVE 链接技术来完成这种建模，WAVE 链接技术也是 NX 进行产品自顶向下设计的重要工具。

NX 约束包括几何约束与尺寸约束，这些约束可以对图形的尺寸、位置与形状进行限制，从而使其符合设计需求。参数化的目的就是要让图形的形状、位置、尺寸是可控的，因此，约束是 NX 参数化技术中的重要手段之一。

设计图形时，可以用公式的方式给出符合某种规律的表达式来限定图形的形状、位置与尺寸。因此，表达式也是参数化技术的另一种手段，但公式正是基于特征模型建模的一种反映。

在 NX 中经常提到的 WAVE（What-if Alternative Value Engineer）链接技术是 EDS 公司推出的参数关联设计技术。前面提到，NX 允许一个零件内部各参数间产生关联，从而达到参数驱动的目的，而 WAVE 就是实现通过一个零件的驱动参数来控制或影响另一个零件的一种技术手段，可以通过 WAVE 链接，将一个零件的参数传递并影响到另一个零件或整个装配，从而实现零件间的关联，这就是 WAVE 链接技术。

1.3 自顶向下产品设计模式

产品设计流程应该以市场与用户需求为依据，这些需求往往确定了产品某些关键尺寸参数，这些关键参数通常作为产品总布置设计的依据，并且成为结构细节设计的基础。

以对汽车产品的需求为例，通常涉及整车性能，安全性，外观造型，价格等多方面要求。这些性能要求往往是决定整车参数的重要依据，例如，发动机功率，总体尺寸，主要总成的结构，从而为汽车总布置设计提供了关键尺寸。

图 1-3 所示为自顶向下设计总体流程图，我们可以将需求看做是一种目标，总布置设计是为了满足这一目标而形成的一系列约束条件，而最终的设计结果则是产品。

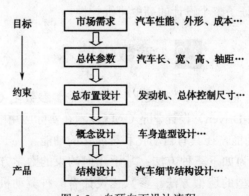

图 1-3 自顶向下设计流程

对于简单或中等复杂产品的设计，自顶向下设计方法是非常实用和高效的设计方法。但随着产品复杂程度的提高和零部件数量的激增，如汽车、飞机等大型复杂产品。这些产品往往包含成千上万个零件，如此大型复杂的装配，会造成对计算机硬件要求过高。而在总体设计和方案论证阶段，通常不需要非常详细的结构，故将所有的零部件装配成一个总成会造成工作效率低下，主次不分的状况。

另外，由于设计技术人员的数量也相当庞大，设计管理和协调的难度也越来越大。例如，总布置设计的更改，需要通知相关设计人员。结构细节设计与总布置设计不协调，也必须反馈到总体设计。特别是在结构设计全面展开后，如果产品有重大设计的变更，会造成产品总体设计控制变更非常困难，甚至全部推倒重来。因此，对于复杂产品，总体设计往往需要考虑得非常仔细，避免重复设计的浪费，但是，这将增加后续结构设计的等待时间，产品设计周期难以缩短。

1.4 系统工程产品设计模式

1.4.1 系统工程的概念

系统工程方法与自顶向下设计方法类似，采用模块化设计技术。系统工程的思想是将一个大的工程分解为多个，有逻辑关系的子系统（或称为模块），每个子系统有自己的设计准则、设计约束；每个子系统可以相互独立地进行设计，从而实现所谓的并行工程。例如，在设计飞机时，可以将其分为机身、航电、动力等模块，这些模块间有联系，但又有内部的独立性。因此，只要理清了系统间的关系，子系统内部是可以独立进行设计的。例如，用系统工程的方法，可以同时设计机身、航电、动力等不同部件。当然，每个子系统又可以再次细分成若干下级子系统来由不同的设计团队完成，这样一个团队只需关心自己的设计模块，从而提高了设计的效率；按类似方法，不断将子模块进行细分，直到最后将系统细分到具体的零部件为止。这就是所谓的系统工程设计模式。

1.4.2 系统工程设计模式下的产品设计过程

一个产品的开发，首先要满足市场与社会的需求，这种需求会以一定的形式反映到产品的参数中，从而制约产品的设计。例如，设计一辆家用小汽车，用户会对汽车的外观、价格、舒适性、安全性、使用性等提出一定要求，这些要求就会反映到汽车的设计中。如价格要求，就会反映在材料的使用、功能配置等方面；舒适性要求就会反映到汽车空间大小（结构尺寸）、座位数等方面；使用性要求会反映到汽车的动力大小、变速箱的性能、尺寸及参数等方面。总之，这些用户需求最终将以不同形式的参数反映在汽车的设计中，从而形成汽车的外观形状与尺寸、各主要部件（主要模块）的关键参数及各主要部件之间的联系参数等数据。由这些参数设计出汽车各部分的主要结构、各模块间的相对位置与相互关系，形成了所谓的概念设计。通过概念设计，再由细节设计工程师完成各部分细化工作，直到整个系统最终以零件的形式出现，完成细节设计为止。整个产品的设计过程如图1-4所示。

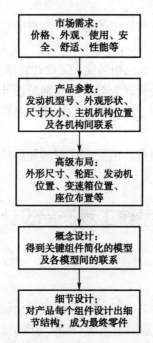

图 1-4 系统工程设计模式下的产品设计过程

1.4.3 NX 中系统工程的实施方法

1. 主要工作过程

在系统工程设计模式下,完成一个复杂的产品设计,首先需要对产品结构进行分析,将系统划分为若干子系统(模块),然后再将子系统继续往下细分,直到最终部件为单一零件为止,这样就得到了系统的总体布局结构。如果系统复杂,可只分大模块,小模块由负责该模块的工程人员再继续细分,这样就可以进行并行设计,提高工作效率。

当零件已经划分到单一零件后,就要对每一个单一零件进行实体设计,设计出该零件的细节,然后为每一个零件建立起始部件,并建立相应的引用集,再以相应的引用集为源引用集来建立连接部件,并以连接部件完成最终装配。在整个设计过程中,起始部件是冗余设计,但也是装配中细节设计的起始环境。

具体来说,在 NX 系统中采用系统工程设计模式完成产品设计,需要经过五个步骤。

(1)建立控制结构层。

这一阶段主要是将产品按照系统工程的方法对产品结构进行分析和拆分,直到拆分成单一零件为止。这层最为复杂,是自顶向下设计的关键。重点要理顺控制参数、上下层及同级层间的控制方式,形成控制中枢。这部分实现方法主要用"新建级别"命令来完成。

(2)建立起始部件层。

起始部件层是最终装配部件前的冗余层,通过"新建级别"命令实现,往往将上一级的所有几何体都加进来作为该层的内容。

(3)建立引用集。

通过建立不同部件的引用集,达到最终传递部件连接数据的作用。这部分是通过"引用集"命令来建立的，在操作时，往往只加入实体到引用集中，而不加其他几何体。

（4）建立连接部件层。

该层次往往是最终的装配零件，使用"创建链接部件"命令来建立，创建时使用第三个层次建立的引用集。需要注意的是后面的引用集在装配导航器中不可见，而连接部件则显示在装配导航器的【相关性】栏中。

工作流程及各层之间的关系如图1-5所示。

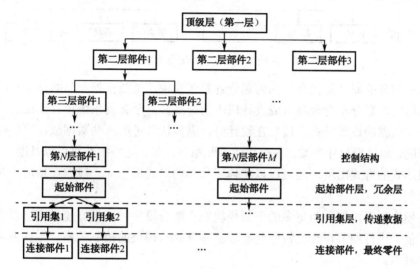

图1-5 NX中系统工程设计模式下完成产品设计的主要步骤

2. 建立WAVE控制结构

在NX环境中的系统工程设计方式下，主要是依赖WAVE几何链接器来进行的。在设计时，通过布局，可以得到系统的组成模块，并将每一个模块的具体作用、性能参数、外形尺寸、与其他模块间的连接参数、安装位置与尺寸、通信方式及参数等设计数据进行有机链接，组成分级分层结构，最终完成整个系统的构造，形成基于WAVE技术的产品控制结构。

一般而言，系统顶层包括系统的性能参数、系统外形尺寸、各模块的外形尺寸、各模块的安装位置与尺寸、模块间的连接、控制方式及通信方式等内容。下级模块层，主要包括各零件与部件间的相关性、零件与部件的大小形状、零件与部件的装配关系等内容。

一个系统可以设计成如图1-6所示的WAVE装配控制结构。系统由n个模块组成，各模块又可分为更小的若干个模块，如此下去，可分为M层，组成树状结构。各模块通过WAVE链接来控制系统内各模块间及模块内的主要参数。

系统工程是NX产品设计的一个亮点，通过它可以将上层的设计参数依次向下层传递，控制各下级模块间链接参数，从而使整个系统的修改变得容易；另外，它可以实现并行工程，从而加快工程进展。

在产品设计时，要认真进行控制结构设计，确定管理维护人员和数据的存放位置，然后再进行部件的设计。在建立控制结构图时，需要考虑以下问题。

（1）产品的总体控制参数有哪些？（控制参数往往是在用户需求的基础上整理出来的产品的主要参数）它们会影响哪些模块？修改它们时会造成多大的修改成本？维护是否方便？

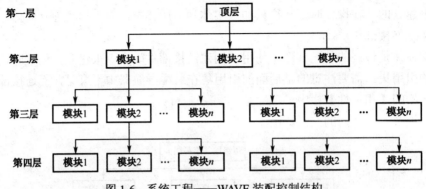

图 1-6　系统工程——WAVE 装配控制结构

（2）模块划分的原则是什么？如何划分各系统模块，是要根据产品的性质与结构进行仔细分析与探讨的，划分不合理将造成设计成本的提高，甚至会使系统设计崩溃。

（3）顶层数据的设置是否合理？在设计时，需要认真考虑哪些数据放在顶层作为控制结构是最合理的，如外形尺寸参数，各模块间的联系参数等，这些参数可以以基准的形式出现，也可以以表达式的方式出现，还可以以实体或片体的形式出现，一般放在顶层，对后续的下级层进行控制。

（4）各模块能否再细分为更多的下级模块？在细分模块时，最好使最底层以零件的形式出现，这样便于进行细节设计。特别是要注意零件间与模块的控制关系，零件内部结构数据与模块间的联系。

（5）当系统主控制结构发生变动后，会给各细节设计带来多大影响？如何影响？

3．建立起始部件

在 WAVE 控制结构装配完成之后，可以为相关子系统建立起始部件。起始部件一般是控制结构中最底层的组件，如图 1-7 所示，通常作为一个或多个"连接"部件的起始点，一个起始部件可以同时控制多个子系统。为了便于后续建立连接部件，通常需要在起始部件中建立一个或多个特定的引用集。起始部件可以采用 Create New Level 方法建立，或采用自顶向下装配方法（Create New）建立。由于整个控制结构是一个装配，所有控制结构中的组件与普通装配没有区别，为了便于观察组件是否具有连接部件，可以在起始部件命名时增加一个"Start_"前缀。

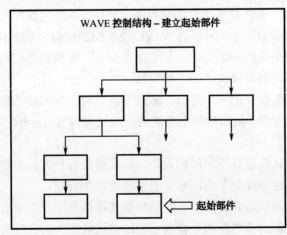

图 1-7　建立起始部件

4. 建立连接部件

连接部件是独立于控制结构装配的关联性部件，其中包含了起始部件中全部或部分细节几何对象，与起始部件保持相关性。在控制结构装配中不显示连接部件。连接部件可以单独存在，也可以作为组件加入子系统装配。建立连接部件的方法：在控制结构装配中，选择需要连接到的起始部件，单击鼠标右键，在弹出的快捷菜单中选择"Create Linked Part"菜单项，如图 1-8 所示。

在"Create Linked Part"对话框中输入连接部件名，并且可以选择在起始部件中预先建立的引用集，如图 1-9 所示。

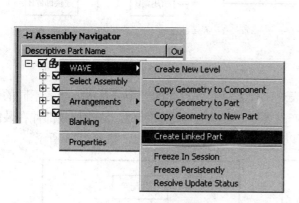

图 1-8 建立连接部件

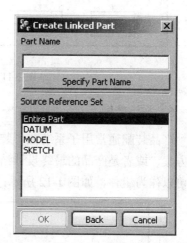

图 1-9 "Create Linked Part"对话框

如果在起始部件中增加了新的控制几何对象，除了使用"Entire Part"引用集外，为了保证所增加的几何对象自动传递到连接部件，必须在起始部件相应的引用集中增加新建立的几何对象。

连接部件无论是单独存在，还是位于装配中，在装配导航器中的部件名前均显示 图标，以有别于普通组件，如图 1-10 所示。

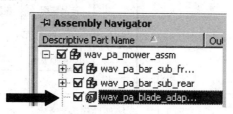

图 1-10 装配导航器中的连接部件

起始部件与连接部件的结构关系如图 1-11 所示，由于连接部件是独立的部件，其装配特性与普通部件文件相同。换言之，在将连接部件加入子系统装配后，可以建立配对约束，组件重定位等操作。

由于连接部件的位置与起始部件位置相同，在使用绝对坐标（0, 0, 0）加入装配时通常不使用配对约束，就可以保证位置的精确。但是，由于组件重定位可以使用，因此，无法避免由于组件重定位的误操作导致的位置不一致。

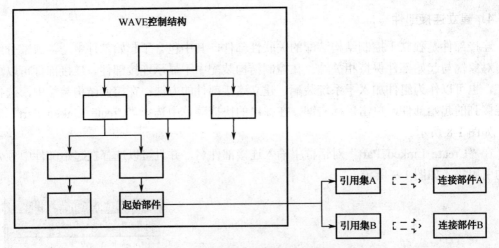

图 1-11　连接部件与起始部件的结构关系

5．产品装配

产品装配通常用子系统或子装配来表现，代表总布置设计的一个分总成，或者不同的设计方案，或者是产品的最终设计结果。产品装配一般都包含连接部件，这些连接部件在装配中可以作为组件，如图 1-12 所示；也可以作为总体参数控制的装配，如图 1-13 所示。

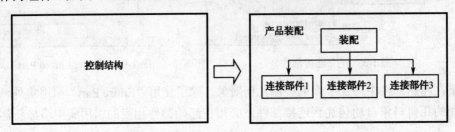

图 1-12　连接部件作为组件

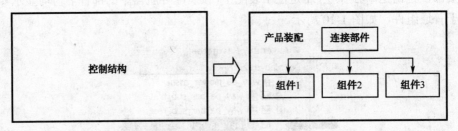

图 1-13　连接部件作为装配

以汽车设计为例，如果建立一个车身控制结构，那么车身又可以分解为若干子装配，如发动机盖、前围、侧围、地板、车门和行李箱盖等。对于车身子装配，所有组件可以采用连接部件建立装配，因此，连接部件是组件。而对于再下一级装配，如车门子装配，可以将车身控制结构中的车门建立一个连接部件。由于车门连接部件包含车身外形曲面和车门轮廓曲线等控制几何体，因此，可以将车门连接部件作为装配，用于控制进一步的结构细节设计，如车门内板、外板结构设计等。

1.5 产品设计实例

本节中,我们以火箭为例,介绍基于系统工程设计模式的 NX 产品开发。

1. 系统分解

(1) 主要子系统。

主要子系统包括弹体、弹头、舵面、发动机、仪表舱等部分,如图 1-14 所示。

(2) 主要的产品参数。

产品参数包括弹体外直径、弹头长、发动机长、仪表舱长、舵面高和宽。

另外,参数也可以包括非几何值,如要求的重量或高度。然后,这些可以被引用到方程中决定必须的直径和发动机长(推进剂体积)。

(3) 顶级产品几何体。

顶级产品几何体包括外形草图、绝对基准(包括火箭中心线)、弹头顶尖基准、弹头基座基准、仪表舱基准、发动机基准、舵面长基准、舵面宽基准,如图 1-15 所示。

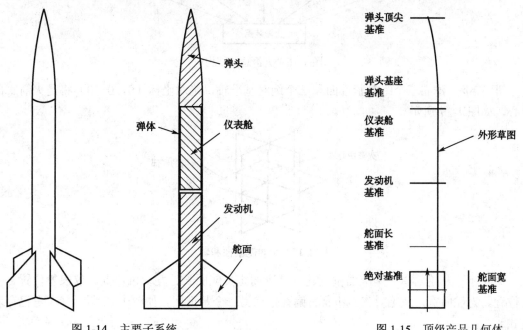

图 1-14 主要子系统 图 1-15 顶级产品几何体

为了节省时间,主要子系统将不分成较小的子系统。然而,实际上,仪表舱系统可以分成较小的单元,如回收系统(降落伞舱)和电子设备。

根据上述的分析,我们可以规划火箭的总体控制结构,如图 1-16 所示。

2. 具体操作步骤

第 1 步 为控制结构顶级建立一名为 ***_cs_rocket 的新部件,单位为英寸。

第 2 步 为总的火箭参数建立表达式。

dia=2.00

eng_len=10.00
fin_len=4.00
fin_wid=3.00
nose_len=8.00
payload_len=6.00

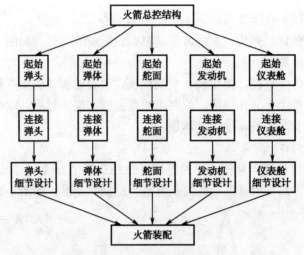

图 1-16　火箭总控结构

第 3 步　建立三个绝对基准面和三个绝对基准轴，绝对坐标（0，0，0）将是火箭底部中心，如图 1-17 所示。

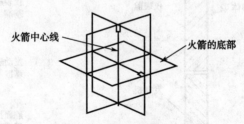

图 1-17　绝对基准面和轴

第 4 步　从绝对 XY 基准面偏置建立基准面定义舵面长、发动机位置、仪表舱位置、弹头位置。为舵面宽，从绝对 XZ 基准面偏置建立另一个基准面，如图 1-18 所示（参考已存表达式）。

第 5 步　在垂直的绝对基准面之上建立一外形草图，定义火箭弹体和弹头的外包封。

利用点在曲线上，共线、垂直和相切几何约束，加一尺寸约束以关联草图到 dia 表达式，如图 1-19 所示。

在下面几步中，将建立在控制结构中新的级，它们含有连接几何体，如图 1-20 所示。

第 6 步　为弹头建立一个新级。命名部件为***_cs_nose 并加外形草图、弹头顶尖基准、弹头基座基准、仪表舱基准和绝对基准到新部件，如图 1-21 所示。

第 7 步　为弹体建立一个新级。命名部件为***_cs_body 并加外形草图、弹头基座基准、舵面高基准和绝对基准到新部件，如图 1-22 所示。

第 1 章 自顶向下与系统工程设计方法

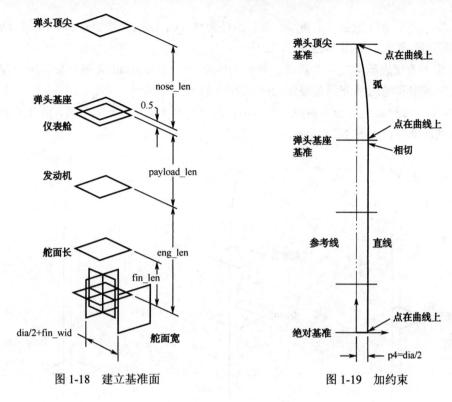

图 1-18 建立基准面　　　　图 1-19 加约束

图 1-20 建立控制结构中新的级

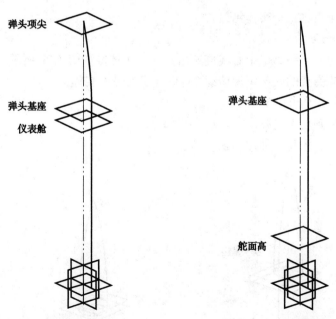

图 1-21 建立弹头新级　　　　图 1-22 建立弹体新级

第 8 步　为发动机建立一个新级。命名部件为***_cs_engine 并加外形草图、发动机基准和绝对基准到新部件，如图 1-23 所示。

第 9 步　为仪表舱建立一个新级。命名部件为***_cs_payload 并加外形草图、发动机基准、仪表舱基准和绝对基准到新部件，如图 1-24 所示。

第 10 步　为舵面建立一个新级。命名部件为***_cs_fin 并加外形草图、两个舵面基准和绝对基准到新部件，如图 1-25 所示。

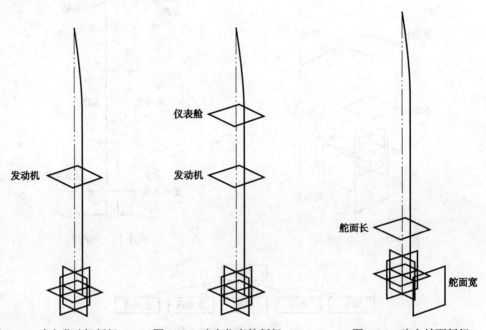

图 1-23　建立发动机新级　　　图 1-24　建立仪表舱新级　　　图 1-25　建立舵面新级

第 11 步　为弹头建立一实体包封。

① 使***_cs_nose 为显示部件。

② 将草图中的弧，绕火箭中心线旋转后建立一实体，如图 1-26 所示。

③ 用向下拉伸弹头的底部圆形边缘 2.0 英寸建立另一实体。

④ 向里偏置柱表面 0.093 英寸。

⑤ 修剪新实体到仪表舱基准面，移去底部分。

⑥ 将实体与弹头求和，如图 1-27 所示。

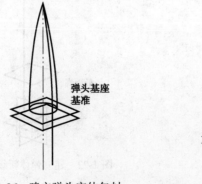
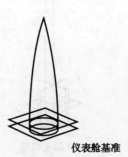

图 1-26　建立弹头实体包封　　　图 1-27　建立弹头

第 12 步　为弹体管建立实体。

① 使***_cs_body 为显示部件。

② 绕火箭中心线旋转，在草图中的垂直线利用一 0.062 的偏置建立一实体，如图 1-28 所示。

注意：与弹头相同，如果外形草图更复杂或频繁受到改变（代替曲线），则旋转整个草图可更方便并修剪最终实体到弹头基准面。

第 13 步　为发动机包封建立一实体。

① 使***_cs_engine 为显示部件。

② 绕火箭中心线旋转草图建立一实体（不偏置）。

③ 向里偏置旋转特征 0.25 英寸，这将允许建立发动机安装空间。

④ 修剪实体到发动机基准面，移去上半部，结果如图 1-29 所示。

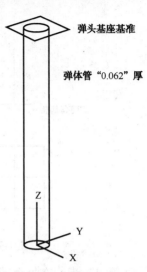

图 1-28　建立弹体管实体

第 14 步　为仪表舱包封建立实体。

① 使***_cs_payload 为显示部件。

② 绕火箭中心线旋转草图建立一实体（不偏置）。

③ 向里偏置旋转特征 0.25 英寸，这个将允许建立安装空间。

④ 修剪实体到仪表舱基准面，移去上半部。

⑤ 修剪实体到发动机基准面，移去下半部，结果如图 1-30 所示。

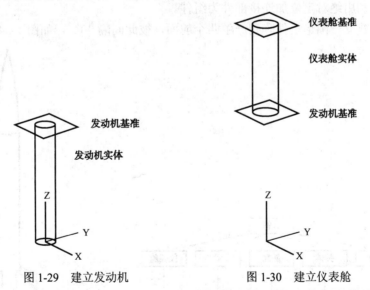

图 1-29　建立发动机　　　　图 1-30　建立仪表舱

第 15 步　为舵面建立实体。

① 使***_cs_fin 为显示部件。

② 建立一附着到连接的 XY 基准的新舵面草图，并约束它，如图 1-31 所示。

③ 利用-0.03 和+0.03 起始和终止距离拉伸舵面草图，结果如图 1-32 所示。

第 16 步　为每个组件建立一起始部件（建立新级），并加所有几何体到它们。命名起始部件为***_cs_start_nose，***_cs_start_body 等，如图 1-33 所示。

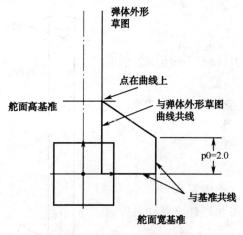

图 1-31 建立舵面草图

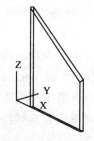

图 1-32 建立舵面

第 17 步 在每个起始部件中,建立一引用集(相应地命名为 NOSE、BODY、FIN、ENGINE、PAYLOAD)并仅加实体到它。

第 18 步 从每个起始部件,建立一连接部件,它们将被用在一产品装配中(命名连接部件为***_pa_nose,***_pa_body,***_pa_fin 等,并利用在前一步中建立的引用集)。

注意:从同一起始部件可以建立多于一个的连接部件。例如,发动机起始部件也可以用于为发动机安装建立连接部件。

第 19 步 为产品装配建立一部件命名为***_pa_rocket(单位为英寸)。

第 20 步 利用绝对定位加连接部件为组件。

第 21 步 建立一圆形组件阵到产生四个舵面,彼此间隔 90°,如图 1-34 所示。

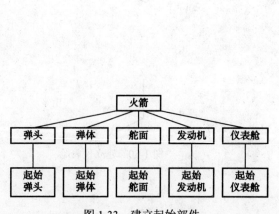

图 1-33 建立起始部件

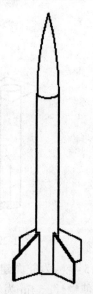

图 1-34 建立四个舵面

第 22 步 加更多的细节到产品装配部件,如倒圆和倒角。

第 23 步 用改变在控制结构中的表达式,并利用相关性管理器去更新装配。

1.6 本章小结

在本章中我们从产品设计流程入手，分析基于 NX 的现代产品设计方法。在此基础上，介绍了基于 NX 软件的自顶向下和系统工程产品设计模式，最后通过一个实例演示了系统工程设计模式下完成产品设计的主要步骤和方法。

1.7 思考与练习

1-1 对比分析传统产品设计流程与 NX 系统下产品设计流程的区别。
1-2 自顶向下设计模式与系统工程设计模式的概念及区别。
1-3 在系统工程设计模式下，使用 NX 完成产品设计的主要步骤。
1-4 NX 中有哪几种参数化建模方法？
1-5 综合使用自顶向下与系统工程设计模式，完成一个两级圆柱减速器设计。

第 2 章 机床总体与传动系统设计

从本章开始,我们进入案例篇的学习。在案例篇中,我们以 CA6136 机床为设计对象,根据其设计流程组织安排了 3 个章节的教学内容,分别介绍如何利用 NX 软件完成机械产品的总体方案与传动系统设计、零部件数字化设计、运动仿真与结构有限元分析等工作。

基于任务驱动的教学要求,本章中我们首先给出 CA6136 机床的设计条件,这是本章和后续章节的设计依据。在此基础上,分析产品设计流程和各阶段的主要设计任务。根据设计流程,在本章中将完成 CA6136 机床的总体与传动系统设计,得到有关尺寸参数、运动参数及动力参数,最后利用 NX 软件建立车床总体控制结构。在控制结构的管理和控制下,整个产品开发将形成一个有机整体,使设计人员可以分工协作共同完成设计。

2.1 设计条件

设计床身最大回转直径为 360mm 的普通精度卧式车床。普通车床设计时,设计条件一般给出其主要的规格参数,如表 2-1 所示。

表 2-1 设计条件

参 数	值
床身上最大回转直径	360mm
最大工件长度	750mm
可完成的工作	可进行外圆、内孔、端面及锥面的车削加工,可加工多种公英制螺纹,利用尾架可钻孔

2.2 设计内容与设计流程

2.2.1 普通机床设计的内容

1. 总体设计

参数拟定:根据机床类型、规格、典型工艺的切削用量,结合实际情况,以及同类机床的分析比较后,确定主轴的极限转速、公比、转速级数和电动机的功率、转速。

总体布局设计:设计满足部件的运动方案,绘制机床部联系尺寸图。

2. 运动设计

根据机床的用途、有关参数，通过多方案分析比较后拟定机床的转速图，确定齿轮齿数，计算转速误差，绘制传动系统图。

3. 动力设计

依据机床电动机功率及传动系统图，确定机床传动系统中各传动件的基本尺寸和材料（其中包括齿轮模数估算、传动轴直径估算，以及带轮传动的计算等）。在结构设计之后，再对机床主要传动件、零件，进行应力、应变、变形和寿命的验算，并修改结构设计。

4. 结构设计

根据运动设计、动力设计参数及传动方案，对各总成和部件进行装配设计，并要求对相应部件的传动轴系、变速机构、轴组件、箱体、操纵机构，以及润滑密封装置等进行结构设计。

5. 编写设计计算说明书

设计计算说明书是审查设计的重要技术文件之一，其内容与设计任务有关。一般而言，设计计算说明书要阐明设计的合理性、经济性，系统地说明设计过程中所考虑的问题和全部的计算项目，做到条理清晰，有理有据有结果；同时要按统一的格式书写和装订，做到整齐规范。

2.2.2 基于 NX 的机床设计流程

在实际的工程应用中，产品的设计一般遵循"总体设计—部件设计—零件设计"的设计模式。根据机床设计的一般规律，结合自顶向下的设计方法，如图 2-1 所示，给出了基于 NX 软件的机床设计流程。

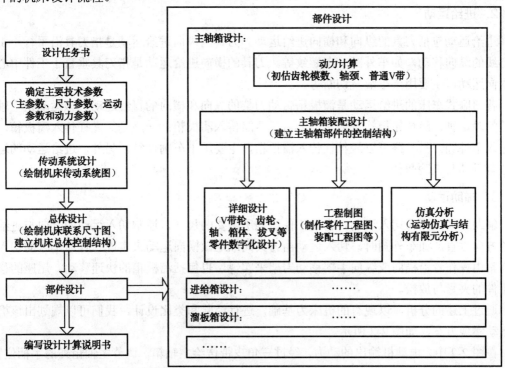

图 2-1 基于 NX 软件的机床设计流程

通常，复杂产品的设计一般分成若干个子系统分别进行设计，各个子系统或部件的设计由不同的开发小组负责，每个开发小组的工作具有相对独立性，所有的开发小组共同组成产品开发团队，共同完成满足总体设计需求的开发。从图 2-1 中可以看出，采用自顶向下的设计方法，可在 NX 软件完成大型复杂产品的设计，并支持团队协同设计和并行设计方式。

2.3 机床总体设计

机床总体设计包括拟定机床总体方案和确定机床主要技术参数两方面的工作。具体来说，主要包括拟定机床运动方案、确定机床技术参数（尺寸参数、运动参数、动力参数）、确定机床总体布局和绘制机床总体尺寸联系图等工作。

2.3.1 确定机床运动方案

CA6136 机床是一种适应性强、工艺范围广的通用型车床，它能完成多种加工工序：车削内外圆柱面、成型回转面、环形槽、端面及内外螺纹，还可以用来钻孔、扩孔、铰孔等加工。为了使该机床具备这些工艺能力，必须使刀具和工件实现一系列运动，才能够加工出所要求的工件表面。这就是机床运动方案设计的任务，是机床设计中首先要进行的工作。

为了加工各种回转表面，卧式车床必须具备下列三种运动。

1. 主运动

主运动即工件的旋转运动。它的作用是使刀具与工件做相对运动，以完成切削工作。普通卧式车床的主运动是主轴经过卡盘或顶尖带动工件做的旋转运动。

2. 进给运动

进给运动包括刀具的纵向和横向进给运动。刀具的纵向进给运动是指刀具沿平行于工件中心线的纵向移动，如车外圆、车螺纹等。刀具的横向进给运动是指刀具垂直于工件中心线的横向运动，主要用于车端及切断等。

普通卧式车床的进给运动是溜板箱带动刀架的纵向和横向的直线运动。该运动由主轴变速箱的输出轴，经挂轮箱、进给箱，之后经两路传入溜板箱：一路是经光杠传入溜板箱，可以进入车外圆；另一路可以经丝杠传入溜板箱，主要用于车削螺纹。另外，进给运动的运动方法有手动与机动两种。

3. 辅助运动

辅助运动又称为切入运动。它使工件达到所需要的尺寸，通常切入运动的方向与进给运动的方向垂直，如车外圆时，切入运动由刀具间歇地做横向运动来实现。普通车床的切入运动通常由操作者沿横向或纵向手摇移动刀架来实现，也包括溜板箱的快速移动、尾座的移动和工件的夹紧与放松。

通过上述的分析，以现有的机床为基础，进行经验和类比设计，我们可以规划出该机床的运动实现方案，如图 2-2 所示。

在图 2-2 中，电动机输出的动力，经过三角皮带传给主轴箱。调节主轴箱外的手柄位置，可使箱内不同的齿轮组啮合，从而使主轴得到不同的转速。主轴通过卡盘带动工件做旋转运动。此外，主轴的旋转通过挂轮箱、进给箱、丝杠或光杠、溜板箱的传动，使滑板带动装在刀架上的刀具沿床身导轨做进给运动。

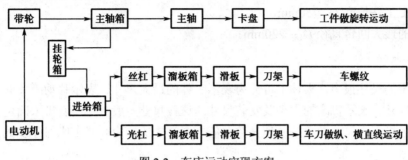

图 2-2 车床运动实现方案

2.3.2 确定机床主要技术参数

机床的主要技术参数包括主参数和基本参数。其中的主参数代表机床规格的大小，基本参数包括尺寸参数、运动参数和动力参数。

1. 主参数

主参数代表机床大小和工作能力的参数，又称为规格参数。卧式车床用床身上被加工工件的最大回转直径（主轴中心高）和最大工作长度（床身长度）来表示。

此外，还有一个常用于衡量机床工作能力的参数，称为刀架上的最大回转直径 D_1，如图 2-3 所示。

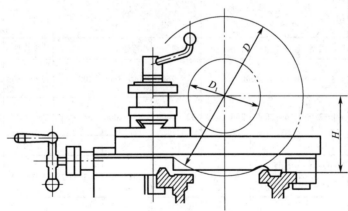

图 2-3 卧式车床的中心高和最大加工直径

在图 2-3 中，床身上的最大工件回转直径 D 与刀架上的最大工件回转直径 D_1，大体上是一倍左右。D_1 还可根据如表 2-2 所示确定。

表 2-2 最大回转直径与刀架上最大回转直径关系

床身上的最大回转直径 D（mm）	刀架上的最大回转直径 D_1（mm）
500 以下	$(0.55\sim0.65)\cdot D$
500～1000	$(0.5\sim0.7)\cdot D$
1000～2000	$(0.7\sim0.8)\cdot D$
2000 以上	$0.88\cdot D$

根据给定的设计条件及相关计算方法,我们确定的本机床主参数如下。
床身上最大回转直径 D:360mm。
最大加工工件长度 L:750mm。
刀架上的最大回转直径 D_1:220mm。

2. 尺寸参数

卧式车床的尺寸很多,大体上可分为表示工件的最大尺寸、表示移动距离的尺寸、表示切削能力的尺寸、表示机床的大小及安装尺寸。这些尺寸一般参考现有机床确定。对于已经系列化的通用机床,尺寸参数按系列参数取值。表 2-3 所示为卧式车床部分参数,可供设计时参考。

表 2-3 卧式车床技术参数

床身上最大回转直径 D(mm)	320			400			500		
刀架上最大回转直径 D_1(mm)	160			200			250		
主轴通孔直径 $d\geqslant$(mm)	36			50			63		
主轴锥孔莫氏 MT	5			6			6		
主轴头号	4, 5			6			8		
装刀基面至主轴中心距离 h(mm)	22			28			36		
系列基型	普通型	万能型	轻型	普通型	万能型	轻型	普通型	万能型	轻型
最大工件长度 L(mm)	500, 750, 1000			750, 1000, 1500, 200			750~1500	750~2000	750~3000
主轴转速 范围(r/min)	40~2500	16~2000	20~2000	32~1600	12.5~2000	25~1600	25~1600	10~1600	20~1200
主轴转速 级数	12	16	12	16	18	12	16	18	12
纵向进给量(mm/r)	0.02~1 0.03~2	0.02~1 0.03~2	0.3~1	0.03~2.5	0.025~2	0.03~1.25	0.05~2.5	0.03~3	0.03~1.5
主动电动功率 P_E(kW)	3~4	3~4	1.5~3	7.5~13	5.5~10	3~5.5	10~17	7.5~13	4~7.5

表 2-4 所示为本机床初步确定的相关尺寸参数。

表 2-4 本机床的尺寸参数

表示工件的最大尺寸	床身上的最大工件回转直径 D	360mm
	刀架上的最大工件回转直径 D_1	220mm
	两顶尖的最大距离	750mm

续表

表示移动距离的尺寸	刀架的最大移动距离 a	650mm
	横刀架的最大移动距离 b	180mm
	上刀架的最大移动距离 c	95mm
	刀架最大转动角度	±45°
	尾座的前后调整量 d	100mm
	尾座套筒的移动量 e	±10mm
表示切削能力的尺寸	主轴孔直径	38mm
	主轴孔锥度	莫氏5号
	丝杠螺距	6mm
	主轴变速级数	运动参数，暂不确定，需要进一步分析和计算，见后述内容
	主轴变速范围	
	纵向进给变速级数	
	纵向进给量范围	
	横向进给变速级数	
	横向进给量范围	
	加工螺纹种类和螺距	
	加工螺纹长度 f	
	主电机的最大输出功率	动力参数，暂不确定，需要进一步分析和计算，见后述内容
	主电机的最大转矩	
表示机床的大小及安装尺寸	床身的长度 L_B	1790mm
	床身的宽度 B	290mm
	床身上的主轴中心高 H	180mm
	地面上的主轴中心高 H_1	1040mm
	机床轮廓尺寸 $L_0 \times W_0 \times H_0$	2170mm×870mm×1260mm
	机床净重	1350kg

3．运动参数

（1）主轴的极限转速 n_{max}、n_{min}。

极限转速即最低转速和最高转速，一般需要经过调查研究、同类机床比较及分析计算，同时考虑技术发展情况综合加以确定。

$$n_{max} = \frac{1000v_{max}}{\pi d_{min}} \text{（r/min）} \tag{2-1}$$

$$n_{min} = \frac{1000v_{min}}{\pi d_{max}} \text{（r/min）} \tag{2-2}$$

式中　　n_{max}、n_{min}——主轴最高、最低转速（r/min）；

v_{max}、v_{min}——典型工序选取的最高、最低切削速度（m/min）；v_{max}、v_{min} 可参考《机械制造装备设计》李余庆编著的教材计算，车削与铣削的 v_{max}、v_{min} 可参考表2-5选择；

d_{max}、d_{min}——典型工序选取的最大、最小直径。

应当指出，通用机床的 d_{max}、d_{min} 不是指机床上可能加工的最大和最小直径，而是指常用的经济加工的最大和最小直径。对于通用机床，一般取

$$d_{max} = KD \text{（mm）} \tag{2-3}$$

$$d_{min} = R_b d_{max} \text{（mm）} \tag{2-4}$$

式中　D——机床可能加工的最大直径（mm），通常作为主参数；

K——系数，通常取卧式车床 $K=4.5\sim0.5$；摇臂钻床；多刀半自动车床 $K=0.9$；铣床的 d_{max} 可取盘形铣刀最大直径。

R_b——计算直径范围，通常取卧式车床 $R_b=0.2\sim0.25$；多刀半自动车床 $R_b=0.3\sim0.35$；钻床、铣床 d_{min} 可取使用的刀具最小直径。

表 2-5　典型工艺常用极限切削速度

加工条件		刀具条件	工件材料	v_{max}	v_{min}
车削	半精车或精车	硬质合金刀具	碳钢	150～250	
	精车丝杠或蜗杆	高速钢刀具	碳钢		1.25～1.5
铣削	平铣加工	高速钢圆柱形平铣刀 $D=80\sim100mm$	灰铸铁 HT200		15～20
	精或半精端铣	硬质合金盘形端铣刀 $D=75\sim110mm$ $Z=3\sim4$	45 钢	200～300	

根据上述讨论，本机床的极限转速取值为：$n_{max}=980$（r/min）、$n_{min}=42$（r/min）。

（2）主轴的转速级数 Z 与公比 φ。

公比 φ 由机床的使用性能和结构要求确定。卧式车床、升降台铣床、钻床等通常取 φ 为 1.26、1.41 或 1.58。本机床属于轻型通用机床，我们取 $\varphi=1.58$。

主轴的转速级数 Z 根据式（2-5）计算，本机床 $Z=8$，即主轴有 8 级转速。

$$R_n = \frac{n_{max}}{n_{min}}$$
$$Z = \frac{\lg R_n}{\lg \varphi} + 1 \tag{2-5}$$

φ 和 Z 确定后，我们可根据 n_{max}、n_{min} 和 φ 选取标准转速数列。方法如下。

采用标准公比时，转速数列可以从表 2-6 中查出。表 2-6 中列出的是公比为 1.06 时 1～5000 的全部数值；基于其他标准公比，可以根据其与 1.06 的整次方关系（见表 2-7），以整数次方为间隔查出转速数列。

本机床的 $n_{min}=42$、$n_{max}=980$、$Z=8$、$\varphi=1.58$，则相应转速可以由 40 查起，按照相隔 8 级（注：$1.56=1.06^8$）取值，即可得到 40、63、100、160、250、400、630、1000（r/min）共 8 级转速。

第 2 章 机床总体与传动系统设计

表 2-6 $\varphi=1.06$ 时的标准转速数列（r/min）

1	2	4	8	16	31.5	63	125	250	500	1000	2000	4000	8000
1.06	2.12	4.25	8.5	17	33.5	67	132	265	530	1060	2120	4250	8500
1.12	2.24	4.5	9	18	35.5	71	140	280	560	1120	2240	4500	9000
1.18	2.36	4.75	9.5	19	37.5	75	150	300	600	1180	2360	4750	9500
1.25	2.5	5	10	20	40	80	160	315	630	1250	2500	5000	10000
1.32	2.65	5.3	10.6	21.2	42.5	85	170	335	670	1320	2650	5300	10600
1.4	2.8	5.6	11.2	22.4	45	90	180	355	710	1400	2800	5600	11200
1.5	3	6	11.8	23.6	47.5	95	190	375	750	1500	3000	6000	11800
1.6	3.15	6.3	12.5	25	50	100	200	400	800	1600	3150	6300	11250
1.7	3.35	6.7	13.2	26.5	53	106	212	425	850	1700	3350	6700	13200
1.8	3.55	7.1	14	28	56	112	224	450	900	1800	3550	7100	14100
1.9	3.75	7.5	15	30	60	118	236	475	950	1900	3750	7500	15000

表 2-7 标准公比及与 1.06 的关系

φ	1.06	1.12	1.26	1.41	1.58	1.78	2
与 1.06 的关系	1.06^1	1.06^2	1.06^4	1.06^6	1.06^8	1.06^{10}	1.06^{12}

4．动力参数

在主传动结构方案未确定之前，可以先进行估算，然后，再与同类机床进行分析比较，综合确定机床的主电动机功率。

（1）切削力的计算。

中型卧式车床在重切削条件下的主切削力 F_z；

刀具材料为 YT15；工件材料为 45 号钢；切削方式为切外圆。则

$$F_z = 1900 a_p f^{0.75} \text{（N）} \tag{2-6}$$

式中系数选择可参考表 2-8。

根据公式（2-6）和表 2-8 求得切削力 F_z 为

$$F_z = 1900 a_p f^{0.75} \text{（N）} = 1900 \times 3.25 \times 0.3^{0.75} = 2503 \text{（N）}$$

表 2-8 车、铣加工时有关系数

		系列与规格					切削用量			
	切削用量	D320		D400		D500		铣削深度（mm）	铣刀每齿进给量（mm/z）	铣削宽度（mm）	切削速度（m/min）
		普通型	轻型	普通型	轻型	普通型	轻型	a_p	a_f	a_e	v
车削外圆	切深 a_p/（mm）	3.5	3	4	3.5			3～4	0.1～0.3	(0.6～0.9)d_0	80～120
	进给量 f（mm/r）	0.35	0.25	0.4	0.35			端铣刀直径 d_0=100～125mm			
	切削速度 v_m/min	90	75	100	80			端铣刀齿数 z=4～5			

（2）切削功率 P_m。

$$P_m = \frac{F_z V}{6000} \quad (\text{kW}) \tag{2-7}$$

式中　F_z 为主切削力，由式（2-6）计算；
V 为切削速度，根据表2-8 查取。
本机床计算如下：

$$P_m = \frac{F_z V}{6000} = \frac{2503 \times 77.5}{6000} = 3.23 \quad (\text{kW})$$

（3）估算电动机功率。

$$P_E = \frac{P_m}{\eta} \quad (\text{kW}) \tag{2-8}$$

式中　η ——主传动系统总的机械效率，回转运动的机床η=0.7～0.85。
本机床计算如下：

$$P_E = \frac{P_m}{\eta} = \frac{3.23}{0.8} = 1440 \quad (\text{r/min})$$

（4）选择电机型号。

　　　　　　　　　Y112M-4；P_E=4kW；n_E=1440r/min

表 2-9 是部分国内外机床的参数，供设计时参考。根据上面的方法，本机床主电机的功率取为 4kW。

表 2-9　国内外部分中型卧式车床的参数

型号	制造厂	主参数 D（mm）	转速范围 （r/min）	公比 φ	进给量 （mm/r）	主电动机功率（kW）	传动方式
C616	济南一机床	320	45～1980	1.41	0.03～3.34	4	分离传动
C615	山西新峰	320	44～1000	1.58	0.025～1.1	2.8	集中传动
SK360	沈阳三机床	360	37～1500	1.41	0.05～1.6	4	集中传动
C618K-2	沈阳市机床厂	360	42～1200	1.41	0.05～1.5	4	集中传动
CA6140	沈阳一机床	400	10.5～1400	1.26	0.028～6.33	7.5	集中传动
DUE40	德国 VOF 公司	425	11.2～2240	1.26	0.1～9	11	分离传动
MAZAK	日本册畸铁工厂	460	25～1500	1.41	0.061～0.95	7.5	集中传动
LEO-80	日本 WASLNO	510	30～1800	1.51～1.93	0.05～0.7	5.5	集中传动

2.3.3　机床总体布局

机床的总体布局是指确定机床的组成部件之间的相对位置及相对运动关系。通用机床的总体布局形式比较固定，有典型布局形式可供参考，但随着技术的发展也有所变化。必须指出，机床的工作精度、操作的方便性、机床的造型等对机床的总体布局均有影响，设计时必须综合考虑加以确定。

合理的总体布局的基本要求：
（1）保证工艺方法所要求的工件与刀具的相对位置关系和运动关系。
（2）保证机床具有足够的加工精度和相适应的刚度与抗振性。
（3）便于操纵、调整、维修，便于输送、装卸工件和排屑等。

(4) 节省材料、占地面积小,即经济效果好。
(5) 造型美观。

1. 确定结构方案

确定结构方案主要考虑以下问题。

(1) 采用何种传动:如液压的,还是机械的(普通 V 带、齿轮传动)。本机床主要采用机械传动,动力由电动机提供,经 1 级皮带轮传送到变速箱(齿轮传动箱)。

(2) 传动型式:集中式传动。

(3) 变速系统:多联滑移齿轮变速。

(4) 润滑系统:飞溅油润滑。

(5) 变速机构:滑移齿轮分级变速形式。

(6) 操纵机构:采用集中的(集中于两个手柄)机械式操纵机构。

2. 总体布局

本机床采用卧式车床常规的布局形式:主要由主轴箱、床鞍、刀架、尾座、进给箱、溜板箱、床身等部件组成。布局如图 2-4 所示。

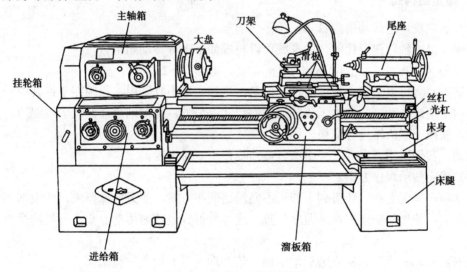

图 2-4 卧式车床的外形图

主要组成部件及功用如下。

(1) 主电机:主电机布置在床腿里,为安装和检修方便,在床腿上开设可拆窗口,既减少占地面积,又保证外观整齐大方。

(2) 主轴箱:主轴箱固定在床身的左上部,内部装有主轴和变速传动机构。它的功用是支承主轴并把动力经变速机构传给主轴,使其带动工件按规定的转速旋转。

(3) 刀架:刀架可沿床身上的刀架导轨做纵向移动。它由几层组成,功用是装夹车刀,实现纵向、横向和斜向运动。

(4) 尾座:尾座安装在床身右端的尾座导轨上,可沿导轨纵向调整位置。它的功用是用后顶尖支承长工件,也可以安装钻头、铰刀等孔加工刀具进行孔加工。

(5) 进给箱:进给箱固定在床身的左端前侧,内装有进给运动的变换机构,用于改变机动进给的进给量或所加工螺纹的导程。

（6）溜板箱：溜板箱与纵向溜板相连，与刀架一起做纵向运动，功用是把进给箱传来的运动传递给刀架，使刀架实现纵向和横向进给，或快速运动，或车螺纹。

（7）床身：床身固定在左右床腿上，在床身上安装着车床的各个主要部件，使它们在工作时保持准确的相对位置或运动轨迹。

2.4 机床传动系统设计

普通车床的传动系统分为主传动和进给传动两类。其中的主传动即在主轴箱内的传动，而进给传动则包括进给箱内的传动和溜板箱内的传动。需要说明的是，主传动与进给传动设计方法不同，即便同为进给传动，进给箱内的传动与溜板箱内的传动设计方法也不一样。下面，根据车床的传动顺序（见如图 2-2 所示的车床运动实现方案），分别进行设计实现。

2.4.1 主轴箱传动设计

1．拟定结构式

（1）确定变速组传动副数目。

实现 8 级主轴转速变化的传动系统可以写成如下多种传动副组合。

① 8=4×2　　　　② 8=4×2　　　　③ 8=2×2×2

方案①和②可以节省一根传动轴。但是，这种方案不宜采用，原因在于：其中一个传动组内有四个变速传动副，增大了该轴的轴向尺寸；另外，传动副数最好取 $P=2$ 或 3，这样可以使用双联或三联齿轮进行变换。

因此，我们选用方案③，采用该方案需要使用 6 对齿轮。

（2）确定传动顺序方案。

传动顺序确定之后，还可列出若干不同增倍顺序方案。如无特殊要求，应根据"前密后疏"的原则，使增倍顺序与传动顺序一致，这样可得到最佳的传动方案，其结构式为

$$8=2_1 \times 2_2 \times 2_4$$

根据式 $r_j = \varphi^{x_j(p_j-1)}$，检查最后增倍组（第 2 增倍组）的变速范围为

$$r_2 = \varphi^{x_2(p_2-1)} = 1.58^{4\times(2-1)} = 1.58^4 = 6.23$$

符合 ≤8～10 的设计原则要求，故上述传动方案是合理的。

2．绘制转速图

（1）分配降速比。

该车床主轴传动系统共设有四个传动组，其中有一个是带传动。根据降速比分配成"前慢后快"的原则，确定各传动组最小传动比。

由于电动机转速为 $n_E=1440$ r/min，主轴最低转速为 $n_{min}=40$ r/min，故总降速比为

$$u_{min} = \frac{n_{min}}{n_{max}} \frac{40}{1440} = 1/36$$

$$\frac{1}{\varphi^{7.834}} = \frac{1}{\varphi^{1.834}} \times \frac{1}{\varphi^1} \times \frac{1}{\varphi^2} \times \frac{1}{\varphi^3}$$

(2)绘制转速图。

主传动系统转速图如图 2-5 所示。

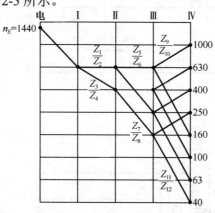

图 2-5　主传动系统转速图

3．确定齿轮齿数

利用计算法或查表法求出各传动组的齿轮齿数，如表 2-10 所示。

表 2-10　主传动齿轮齿数

变速组	第一变速组				第一变速组				第一变速组			
齿数和	88				88				110			
齿轮	Z_1	Z_2	Z_3	Z_4	Z_5	Z_6	Z_7	Z_8	Z_9	Z_{10}	Z_{11}	Z_{12}
齿数	33	55	43	45	43	45	25	63	67	43	23	87

4．确定带轮直径

带轮直径可以根据机械设计手册查表确定，我们选择小带轮基准直径为

$$d_{d1}=100\text{mm}$$

则大带轮直径可由式 $d_{d2} = d_{d1} \times \frac{1}{u} \times (1-\varepsilon)$ 求得（其中 u 为传动比，ε 为打滑系数）即

$$d_{d2} = 100 \times 1.58^{1.834} \times 0.98 = 226 \text{（mm）}$$

这里我们取 d_{d2}=200mm。

5．验算主轴转速误差

主轴各级实际转速值用式（2-9）计算，即

$$n_{实} = n_E \times \frac{d_{d1}}{d_{d2}} \times (1-\varepsilon) \times u_a \times u_b \times u_c \tag{2-9}$$

式中，u_a、u_b、u_c 分别为第一、二、三变速组齿轮传动比；n_E 代表电动机输出转速。

转速误差用主轴实际转速与标准转速相对误差的绝对值表示，即

$$\Delta n = \left| \frac{n_{实际} - n_{标准}}{n_{标准}} \right| \leq 10(\varphi-1)\%$$

最终计算后的转速误差如表 2-11 所示。

表 2-11 计算实际转速及转速误差

主轴转速	n_1	n_2	n_3	n_4	n_5	n_6	n_7	n_8
标准转速 r/min	40	63	100	160	250	400	630	1000
实际转速 r/min	42	68	104	165	255	405	615	980
转速误差%	5	7.9	4	3.1	2	1.2	2.4	2

转速误差满足要求。

6. 绘制传动系统图

主轴箱传动系统图如图 2-6 所示。

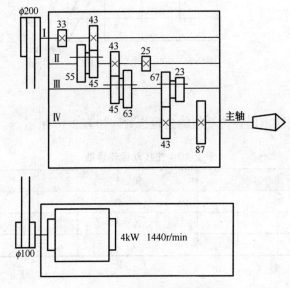

图 2-6 主轴箱传动系统图

2.4.2 进给箱传动设计

此前已述,进给传动包括两个传动系统:螺纹传动系统和一般进给传动系统(车外圆或端时的纵横向进给)。这两个系统使用同一个进给箱传递运动。

问题似乎很复杂,但如果对车床的传动进行分析,我们很容易发现,车螺纹传动应该跟进给箱传动关系更密切。原因在于车螺纹时,进给传动是以进给箱直接传递给丝杆的,传动链相对简单。一般进给传动系统则要将进给箱的运动传递到溜板箱,所以更复杂。因此,在给进给箱传动设计时,我们从车螺纹传动链入手。

1. 车螺纹传动原理

车螺纹时,要保证主轴每转一转,刀具准确地移动被加工螺纹一个导程的距离。只用交换齿轮调配全部螺纹的系统是最简单的切削螺纹系统,其传动系统如图 2-7 所示。

第 2 章 机床总体与传动系统设计

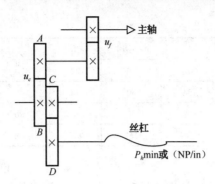

图 2-7 用交换齿轮调配全部螺纹的系统

这种切螺纹系统的运动平衡式为

$$1(\text{主轴 1 转}) \times u_f u_c P_h = s \tag{2-10}$$

或

$$1 \times u_f u_c \frac{25.4}{N} = s \tag{2-11}$$

式中　u_f——定比传动的传动比；
u_c——交换齿轮的传动比；
P_h——米制丝杠导程（mm）；
N——英制丝杠的每寸牙数（l/in）；
S——工件导程（mm）。

于是 $u_c = \dfrac{s}{P_h u_f}$ 或 $u_c = \dfrac{s}{25.4 u_f}$

代入表中 s 的各种表达式，便可得到加工米制、英制、模数和径节螺纹时的交换齿轮传动比。特殊因子 25.4、π、$\pi/25.4$ 和 25.4π 的近似分数可查《机床设计手册》。

2. 车螺纹传动链的特点

进给传动是实现刀架纵向和横向移动的运动联系。运动的来源是由电动机经由床头箱、主轴、进给运动传动链而传至刀架的。但是刀架的进给量大小在普通车床上是以主轴每一转刀架的移动量来表示的。因此，进给传动链的分析计算应以主轴为起点和刀架为终点，它们是进给运动传动链首端和末端的执行件。

车螺纹传动系统最终的作用是用来车制螺纹的，为了能够加工不同的螺纹，进给传动末端必然要提供不同的进给量。螺纹有不同的螺距和导程，传动链如何实现不同的进给呢？我们可以螺纹的特点来分析。

表 2-12 所示为 CA6140 型车床米制螺纹表。由此表可以看出，表中的螺距值是按分段等差数列的规律排列的，行与行之间成倍数关系。

表 2-12　CA6140 型车床米制螺纹表

组别	螺距值							螺距差值
1	1	1.25	1.5	1.75	2	2.25	0.25	0.25
2	2.5	3	3.5	4	4.5	5	5.5	0.5
3	6	7	8	9	10	11	12	1

续表

组别	螺距值							螺距差值
4	14	16	18	20	22	24	(26)	2
5	28	32	36	40	44	48	(52)	4
6	56	64	72	80	88	96	(104)	8
7	112	128	144	160	176	192	(208)	16

注：括号内的螺距值为非标准值。

根据螺纹按"分段等差数列的规律排列，行与行之间成倍数"的特点，所以一般的车床进给箱传动系统都包括以下几个传动机构。

（1）基本螺距机构：用于实现分段等差进给量。
（2）增倍机构：用于对分段等差进给量进行增倍。
（3）公英制螺纹转换机构：用于螺纹公/英制转换。
（4）光杠、丝杠接通机构等。

基于上述的讨论，我们开始进给箱的传动系统设计。

3．编制螺纹表

通常在机床的进给箱上面都会有一块称为"螺纹表"的铭牌，用于标识该机床螺纹车削时的控制手柄调节方法及不同手柄位置对应的螺纹参数。我们可以借鉴现有的机床螺纹加工数据，通过经验和类比确定，如表2-13、表2-14所示。

表2-13 CA636型车床米制螺纹表

a	b	c	d	A	B	t mm			B	t	xmm/Q	
36	120	48	96		1	0.3	0.084	0.075			0.337	0.298
48	96	36	90		1	0.4	0.112	0.100		2	0.450	0.397
					2	0.5	0.140	0.125			0.560	0.500
					3	0.6	0.168	0.150			0.672	0.600
					4	0.7	0.196	0.175			0.784	0.700
48	96	45	90	I	3	0.75	0.210	0.187	II	3	0.840	0.750
		36			5	0.8	0.224	0.200			0.896	0.800
45	80		90		1	1.0	0.280	0.250		4	1.120	1.00
					2	1.25	0.350	0.312		5	1.400	1.250
					3	1.50	0.420	0.375		6	1.680	1.500
					4	1.75	0.490	0.437			1.960	1.750
					5	2.0	0.560	0.500		8	2.240	2.000
					6	2.5	0.700	0.625		10	2.800	2.500

表 2-14　CA636 型车床英制螺纹表

a	b	c	d	A	B	n/1″			B	n/1″		
127	90	36	96	1		24	0.296	0.263		6	1.184	1.058
127	80	36	90	1		20	0.356	0.316		5	1.424	1.264
127	95	48	96	1		19	0.376	0.332			1.503	1.327
127	90	48	96	1		18	0.395	0.350		4.5	1.580	1.400
127	80	36	90	2		16	0.445	0.395		4	1.780	1.580
127	70	48	96	1		14	0.509	0.450		3.5	2.037	1.800
127	90	48	96	3	I	12	0.593	0.526	II	3	2.372	2.104
127	44	36	90	1		11	0.647	0.575			2.586	2.300
127	80	36	90	5		10	0.712	0.632		2.5	2.848	2.528
127	90	48	96	5		9	0.790	0.700			3.160	2.800
127	80	36	90	6		8	0.890	0.790		2	3.560	3.160
127	70	48	96	5		7	1.020	0.901			4.080	3.604
127	80	48	90	6		6	1.185	1.050		1.5	4.740	4.200

从表中可以看出，该机床的螺纹加工能力如下。

公制螺纹 20 种，螺距在 0.3～10mm 的范围内，可以车削以下规格的标准公制螺纹：0.3、0.4、0.5、0.6、0.7、0.75、0.8、1.0、1.25、1.50、1.75、2.0、2.5、2、3、4、5、6、8、10。

英制螺纹有 22 种，每英寸牙数从 24-11/2″牙/寸，可以车削以下规格的标准英制螺纹：24、20、19、18、16、14、12、11、10、9、8、7、6、5、4.5、4、3.5、3、2.5、2、1.5。

4．分析螺纹表

从螺纹表中可以看出，该机床进给箱有两个操作手柄，分别为 A 和 B 手柄，其中：A 手柄有 6 个位置，对应于 1～6 位置的 6 个挡位。很显然，A 手柄对应的变速组为基本组，用于车削等距的基本螺距。

B 手柄有两个位置，对应于 I 和 II 位置的两个挡位。而且，我们进一步分析会发现，当 B 处于 I 和 II 不同位置时，对应的所车制螺距 t 值相差 4 倍，从这一点可以明确判断 B 手柄对应的变速组为增倍组。

再一点，A 变速组与 B 变速组联合起来，可以实现 12 挡变速，理论上只能车制 12 种螺纹，如何车制出前面分析出的表中 20 种公制、22 种英制螺纹呢？

挂轮组：表 2-14 中给出了可转制的挂轮传动组 a、b、c、d，用来变换螺距，且给出了全部可配比的齿数，可作为已知条件加以利用。

5. 确定基本组与增倍组传动比

螺纹表中只给定了公制螺纹，需要车削英制及公制螺纹时仅通过调配交换齿轮实现。车床的进给传动不需要增加额外的辅助传动链来实现车削不同螺纹种类时的变换。故本车床进给箱传动系统比较简单。

该机床的车螺纹传动表达式为

$$l_{主轴} \times i_{挂} \times i_{基本} \times i_{倍增} \times p_t = T \tag{2-12}$$

式中　$l_{主轴}$——表示主轴每转 1 圈；

$i_{挂}$——表示挂轮传动组的传动比。对于给定的螺纹参数，是一个定值，在表中作为已知条件出现；

$i_{基本}$——表示基本传动组的传动比。对应 A 手柄，有 6 个可能取值，我们可以用 $i_{基本1}$、$i_{基本2}$、$i_{基本3}$、$i_{基本4}$、$i_{基本5}$、$i_{基本6}$、来表示；

$i_{倍增}$——表示增倍传动组的传动比。对应 B 手柄，有两个可能取值，我们可以用 $i_{倍增1}$、$i_{倍增2}$ 来表示；

p_t——表示车床的丝杆螺距，一般可取为 6 或 12mm，本机床我们取值为 6mm；

T——表示进给量，即所能车制出的螺纹螺距。

通过对式（2-12）的分析可以知道，进给箱传动设计的目的就是要确定 $i_{基本}$（6 个传动比）和 $i_{倍增}$（两个传动比）。

我们选择表 2-13 螺纹表中的一行数据，如图 2-8 所示。该列数据的特点是包含了 A 手柄 6 个位置所对应的 T 值。

a	b	c	d	A	B	⎍	⋎	⋏
45	80	80	90	1	I	1.0	0.280	0.250
				2		1.25	0.350	0.312
				3		1.50	0.420	0.375
				4		1.75	0.490	0.437
				5		2.0	0.560	0.500
				6		2.5	0.700	0.625

图 2-8　螺纹表中的一行数据

根据图 2-8 中的数据，我们展开式（2-12），列车螺纹传动路线表达式为

$$l_{主轴} \times \frac{a}{b} \times \frac{c}{d} \times \begin{Bmatrix} i_{基本1} \\ i_{基本2} \\ i_{基本3} \\ i_{基本4} \\ i_{基本5} \\ i_{基本6} \end{Bmatrix} \times i_{增倍1} \times P_t = \begin{Bmatrix} 1.0 \\ 1.25 \\ 1.50 \\ 1.75 \\ 2.0 \\ 2.5 \end{Bmatrix}$$

将对应的挂轮传动组齿数比及丝杠螺距代入

第 2 章 机床总体与传动系统设计

$$\Rightarrow l_{\text{主轴}} \times \frac{45}{80} \times \frac{80}{45} \times \begin{Bmatrix} i_{\text{基本}1} \\ i_{\text{基本}2} \\ i_{\text{基本}3} \\ i_{\text{基本}4} \\ i_{\text{基本}5} \\ i_{\text{基本}6} \end{Bmatrix} \times i_{\text{增倍}1} \times 6 = \begin{Bmatrix} 1.0 \\ 1.25 \\ 1.50 \\ 1.75 \\ 2.0 \\ 2.5 \end{Bmatrix}$$

$$\Rightarrow \frac{3}{2} \times \begin{Bmatrix} i_{\text{基本}1} \\ i_{\text{基本}2} \\ i_{\text{基本}3} \\ i_{\text{基本}4} \\ i_{\text{基本}5} \\ i_{\text{基本}6} \end{Bmatrix} \times i_{\text{增倍}1} = \begin{Bmatrix} 1.0 \\ 1.25 \\ 1.50 \\ 1.75 \\ 2.0 \\ 2.5 \end{Bmatrix} \tag{2-13}$$

设 $i_{\text{增倍}1}$ 是手柄 B 处于 I 位置时的传动比。式(2-13)是一个含 6 个等式、7 个未知量的方程组。因此,需要从未知量之间找一些关系才能求解。

我们分析一下增倍组两个传动比之间的关系。增倍组的传动比一般成倍数关系,对照图 2-8,我们会发现当 $i_{\text{挂}}$、$i_{\text{基}}$ 相同时,当手柄 B 处于 I、II 两个不同位置时,对应的螺距成 4 倍的关系。因此,可以设处于 I 位置时对应的传动比为 $i_{\text{增倍}1}$,而处于 II 位置时的传动比为 $i_{\text{增倍}2}$,则可假设:

$$i_{\text{增倍}1} / i_{\text{增倍}2} = 1/4$$

增倍组传动比一般取 1/4、1/2、1、2、4、…,所以,我们可以取 $i_{\text{增倍}1}=1/2$,得到 $i_{\text{增倍}2}=2$。当然,也可取其他满足式(2-13)的值。这两个值的好处是传动组的降速比不大,可减少齿轮结构尺寸,而且互为倒数,齿轮布置很方便。

把 $P_t=6$、$i_{\text{增倍}1}=1/2$、$i_{\text{增倍}1}=2$ 代入式(2-13),得到

$$\begin{Bmatrix} i_{\text{基本}1} \\ i_{\text{基本}2} \\ i_{\text{基本}3} \\ i_{\text{基本}4} \\ i_{\text{基本}5} \\ i_{\text{基本}6} \end{Bmatrix} = \begin{Bmatrix} \frac{2}{3} \\ \frac{5}{6} \\ 1 \\ \frac{7}{6} \\ \frac{4}{3} \\ \frac{5}{3} \end{Bmatrix}$$

基本组传动比的分母为 3 和 6,取最小公倍数,得到 18,因为 18 的数值太小(齿数一般大于此数值),故最后取为 24。设摆移塔齿轮机构的滑移齿轮为 $Z_{\text{移}}$,因此,可以取 $Z_{\text{移}}=24$。

设摆移塔齿轮机构的滑移齿轮 6 个塔齿轮分别为 $Z_{\text{塔}1}$、$Z_{\text{塔}2}$、$Z_{\text{塔}3}$、$Z_{\text{塔}4}$、$Z_{\text{塔}5}$、$Z_{\text{塔}6}$。把上面传动比列为齿数比的形式,则可列如下表达式

$$\begin{Bmatrix} i_{基本1} \\ i_{基本2} \\ i_{基本3} \\ i_{基本4} \\ i_{基本5} \\ i_{基本6} \end{Bmatrix} = \begin{Bmatrix} \dfrac{Z_{塔1}}{24} \\ \dfrac{Z_{塔2}}{24} \\ \dfrac{Z_{塔3}}{24} \\ \dfrac{Z_{塔4}}{24} \\ \dfrac{Z_{塔5}}{24} \\ \dfrac{Z_{塔6}}{24} \end{Bmatrix} = \begin{Bmatrix} \dfrac{2}{3} \\ \dfrac{5}{6} \\ 1 \\ \dfrac{7}{6} \\ \dfrac{4}{3} \\ \dfrac{5}{3} \end{Bmatrix} = \begin{Bmatrix} \dfrac{16}{24} \\ \dfrac{20}{24} \\ \dfrac{24}{24} \\ \dfrac{28}{24} \\ \dfrac{32}{24} \\ \dfrac{40}{24} \end{Bmatrix}$$

因此,可以得到 $Z_{塔1}$、$Z_{塔2}$、$Z_{塔3}$、$Z_{塔4}$、$Z_{塔5}$、$Z_{塔6}$ 的齿数分别为 16、20、24、28、32、40。设摆移塔齿轮机构的中间介轮为 $Z_{隋}$,它的取值主要从齿轮结构考虑,在此取为 32。

6. 绘制进给箱传动系统图

进给箱传动系统图如图 2-9 所示。

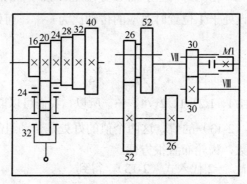

图 2-9 进给箱传动系统图

2.4.3 溜板箱传动设计

溜板箱的传动系统结构复杂。传动系统将丝杠或光杠传来的旋转运动变为溜板箱的直线运动并带动刀架进给,控制刀架运动的接通、断开和换向。当机床过载时,能使刀架自动停止,还可以手动操纵刀架移动或实现快速运动等。溜板箱传动系统通常包括以下几种机构:接通丝杠传动的开合螺母机构;将光杠的运动传至纵向齿轮齿条和横向进给丝杠的传动机构;接通、断开和转换纵横向进给的转换机构;保证机床工作安全的过载保险装置、丝杠、光杠互锁机构;以及控制刀架纵、横向机动进给的操纵机构。此外,有些机床的溜板箱中还具有改变纵横机动进给运动方向的换向机构,以及快速空行程传动机构等。

由于溜板箱传动系统较为复杂,传动系统设计不能完全应用单纯计算方法,因此,溜板箱传动系统设计一般参照现有车床溜板箱系统,类比其主要机构与传动方式确定传动系统的传动机构,然后,根据本机床的纵横向进给量要求,为各传动组分配适当的传动比。车床溜板箱设计步骤如下。

（1）参考《机床设计手册》，类比同类机床确定传动系统。

（2）根据选定的溜板箱传动系统，列出纵横向进给表达式。

（3）把本机床的纵横向进给量代入纵横向进给表达式，通过凑传动比的方法，为各传动组分配适当传动比，并由此确定齿轮等传动件传动参数（齿数、蜗杆头数等）。

1．溜板箱传动原理

下面以如图 2-10 所示的某机床溜板箱传动系统为例，介绍如何根据给定的机床纵横向进给量分配传动比。

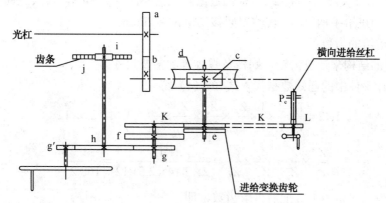

图 2-10　某车床溜板箱传动系统

如图 2-10 所示是某车床溜板箱内传动系统的主要部分。与光杠同时旋转的正齿轮 a 和溜板箱内的正齿轮 b 啮合，就将其旋转传到蜗杆 c→蜗轮 d→正齿轮 e。e 是纵向进给和横向进给的转换齿轮。在图 2-10 中，如果 e 和 f 啮合，则为纵向进给，如果 e 和 k 啮合，就为横向进给。

横向进给时，使 e 和 k 啮合，通过齿轮 L 使横向进给丝杠旋转。因为横向进给丝杠是固定在下拖板上并与内螺纹的螺母啮合，所以，横向进给丝杠就使横向刀架移动。

另外，要手动纵向进给，就用手轮→g′→h→i 的路线直接与齿条连系。

其次，关于各个齿轮的齿数和齿数比可以确定如下。

如果设主轴 — 进给箱间的变速比为 i_f，各齿轮的齿数分别为 Z_a、Z_b、Z_c、Z_d、Z_e、Z_f、Z_g、Z_h 及 Z_i，齿轮 i 的模数为 m，则纵向进给总量 S 为

$$S = i_g \cdot i_f \cdot \frac{Z_a \cdot Z_c \cdot Z_e \cdot Z_g}{Z_b \cdot Z_d \cdot Z_f \cdot Z_h} \cdot \pi \cdot m_i \cdot Z_i \tag{2-14}$$

这里，$\pi \cdot m_i z_i$ 是小齿轮的节圆周长，即是小齿轮每转 1 转刀架的移动量。

如果横向进给丝杠的螺距为 P_c、固定在丝杠上的齿轮齿数为 Z_l，则横向进给量 S' 为

$$S' = i_g \cdot i_f \cdot \frac{Z_a \cdot Z_c \cdot Z_e}{Z_b \cdot Z_d \cdot Z_l} \cdot p_c \tag{2-15}$$

因此，纵向进给量与横向进给量的比可以用下面的齿数比来决定，即

$$\frac{s'}{s} = \frac{Z_f \cdot Z_h}{Z_g \cdot Z_l} \cdot \frac{P_c}{\pi \cdot m_i \cdot Z_i} \tag{2-16}$$

如果纵向进给手柄每转1转的刀架移动量为S''，手柄轴上的齿轮齿数为Z'_g，则手动进给量为

$$S''=\frac{Z'_g}{Z_h}\cdot\pi\cdot m_i\cdot Z_i \tag{2-17}$$

2．溜板箱传动设计

以图2-10为参照，举一设计实例，设计条件如下。

主轴箱内的传动比i_a=1/1、传动齿轮的速比i_g=2/1（挂轮组）、进给箱内的传动比为1/1，齿轮i的齿数Z_i=12、模数m_i=2.5，横向进给丝杠的螺距P_c=5mm，最大纵向进给量S_{max}=1.12mm/转，纵向进给手柄每转1转的刀架移动量S''=25mm。

（1）纵向进给的齿数。

按图2-10的结构来计算齿轮、蜗杆及螺纹等的主要尺寸。

将前述设计条件中的已知数据代入式（2-14）得

$$1.12=\frac{1}{1}\times\frac{2}{1}\times\frac{1}{1}\times\frac{Z_a}{Z_b}\times\frac{Z_c}{Z_d}\times\frac{Z_e}{Z_f}\times\frac{Z_g}{Z_h}\times 3.14\times 2.5\times 12$$

$$\frac{Z_a}{Z_b}\times\frac{Z_c}{Z_d}\times\frac{Z_e}{Z_f}\times\frac{Z_g}{Z_h}=\frac{1.12}{2\times 3.14\times 2.5\times 12}=\frac{1}{168.2}$$

从而，将齿数比做如下分配后再求齿数，即

$$\frac{Z_a}{Z_b}\times\frac{Z_c}{Z_d}\times\frac{Z_e}{Z_f}\times\frac{Z_g}{Z_h}=\frac{1}{1}\times\frac{1}{30}\times\frac{1}{2.36}\times\frac{1}{2.36}=\frac{1}{127}$$

采用凑传动比的方法确定各齿轮的齿数，即

$$\frac{Z_a}{Z_b}=\frac{1}{1}=\frac{22}{22} \qquad\qquad \frac{Z_c}{Z_d}=\frac{1}{30}$$

$$\frac{Z_e}{Z_f}=\frac{1}{2.36}=\frac{21}{50} \qquad\qquad \frac{Z_g}{Z_h}=\frac{1}{2.36}=\frac{21}{50}$$

它的速比为

$$i=\frac{22\times 1\times 21\times 21}{22\times 30\times 50\times 50}=\frac{1}{170}$$

最大进给量为

$$S_{max}=i\cdot\pi\cdot m\cdot i_g=\frac{3.14\times 2.5\times 12\times 2}{170}=1.1\text{mm/rev}$$

但是，因为误差2%，所以就以S_{max}=1.12mm/转决定纵向进给的进给量及传动齿轮。

（2）横向进给的齿数。

因为没有给出最大横向进给量，故一般地定为横向进量以纵向进给的1/2。另设$Z_k=Z_f=50$，由式（2-16）$\frac{s'}{s}=\frac{Z_f\cdot Z_h}{Z_g\cdot Z_l}\cdot\frac{P_c}{\pi\cdot m_i\cdot Z_i}$得

$$\frac{P_c}{Z_l}=\frac{\pi\cdot m_i\cdot Z_i\cdot Z_g\cdot S'}{Z_f\cdot Z_h\cdot S}=\frac{\pi\cdot m_i\cdot Z_i\cdot Z_g\cdot S'}{Z_k\cdot Z_h\cdot S}=\frac{3.14\times 2.5\times 12\times 21}{50\times 50\times 2}=0.396$$

由设计已知条件 P_c =5mm，则 Z_l

$$Z_l = {P_c}/{0.396} = {5}/{0.396} = 13$$

（3）手动轮 g'。

纵向进给手柄每转1转的刀架移动量 S'' =25mm，于是齿轮 g' 的齿数可由式（2-17）计算得

$$Z_{g'} = S'' \cdot {Z_h}/{\pi} \cdot m_i \cdot Z_i = 25 \times {50}/{3.14} \times 2.5 \times 12 = 16$$

归纳上述结果如表2-15所示。

表2-15 溜板箱内齿轮

齿轮	a	b	c	d	e	f	g	h	i	j	k	g	g'
齿数	22	22	1（单头）	30	21	50	21	50	12	齿条	50	13	16

CA6136机床的溜板箱传动系统如图2-11所示，大家可以使用前述的方法，根据表2-13螺纹表中的进给量，通过凑传动比，确定溜板箱内的传动比和齿轮齿数，本节不再赘述。

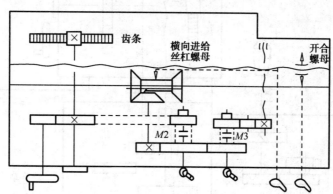

图2-11 溜板箱传动系统图

2.4.4 绘制机床传动系统图

CA6136机床传动系统图如图2-12所示。

机械设计综合实训

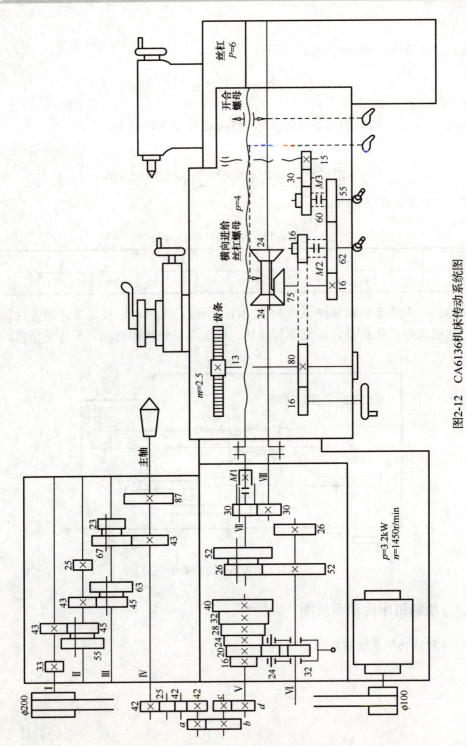

图2-12 CA6136机床传动系统图

2.5 基于NX软件建立机床总体控制结构

2.5.1 机床联系尺寸图

机床的总联系尺寸图是用来表明机床的总体布局,并规定主要的联系尺寸,注明整机、部件的外形尺寸、传动部件的最大行程,是部件设计的基础。各部件的形状和尺寸可参考现有的类似结构加以确定。必要时,总联系尺寸图的绘制可与部件的结构设计交叉进行,如图 2-13 所示。

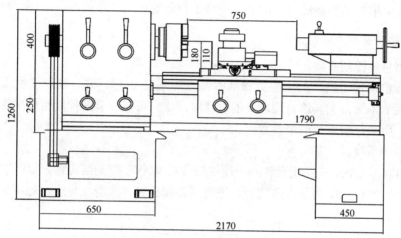

图 2-13 CA6136 机床联系尺寸图

2.5.2 建立机床总体控制结构

对于像汽车、飞机、机床等大型复杂产品,往往包含成千上万个零件,设计中需要团队协同合作,因此需要采用系统工程产品设计方法,该方法采用模块化设计技术,将一个大型复杂产品分解为总体控制结构和若干具有关联性的子系统,避免了过于庞大的装配结构。每个子系统都来自于控制结构,在保持与控制结构相关联的条件下,可以相对独立地展开设计工作,同时满足产品总体设计的要求,其设计流程图如图 2-14 所示。

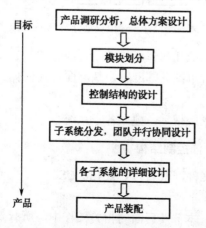

图 2-14 利用 NX 系统设计思想进行产品设计流程

在现代三维 CAD 设计软件中，都提供了进行复杂产品系统工程设计的工具。NX WAVE 技术起源于车身设计，成功地解决了复杂产品设计中产品级的参数驱动问题，可以在产品级设计中控制零部件，为产品设计团队的并行协同工作提供了一个良好的环境。NX WAVE 是在概念设计和最终产品或模具之间建立一种相关联的设计方法，能对复杂产品的总装配设计、相关零部件和模具设计进行有效的控制。总体设计可以严格控制分总成和零部件的关键尺寸与形状，而无须考虑细节设计；而分总成和零部件的细节设计对总体设计没有影响，并无权改变总体设计的关键尺寸。因此，当总体设计的关键尺寸修改后，分总成和零部件的设计自动更新，从而避免了零部件的重复设计的浪费，使得后续零部件的细节设计得到有效的管理和再利用，大大缩短了产品的开发周期，提高了企业的市场竞争能力。

1．控制结构实施方法

（1）规划总体控制参数。

此前，我们确定了机床的主参数和基本参数（见表 2-4），并且绘制了机床联系尺寸图（图 2-13）。在 NX 平台上实施自顶向下的设计时，我们可以在装配控制结构中将这些参数添加到表达式，用做控制系统的主参数。

（2）划分子系统。

对于 C6136A 车床，其系统设计——模块划分及 WAVE 控制结构划分如图 2-15 所示。按功能、结构等因素将机床划分成主轴箱、进给箱、溜板箱、床身及导轨、尾座、刀架及其他附件七个模块。

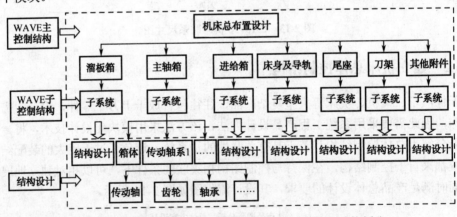

图 2-15 车床系统设计——模块划分及 WAVE 控制结构划分

（3）建立控制结构中的顶级几何体。

装配控制结构中可以包含草图、基准轴、基准面等几何体。

（4）建立子系统。

根据对产品的分析和子系统规划，建立各子系统。

2．建立 CA6136 机床总体控制结构

（1）在 NX 新建一装配文件，取名为 CA6136_CS。

（2）规范性要求。

从规范性和一致性出发，本节及后面的相关操作中，所有部件的图层遵循下列层标准：

① Layer 1～20 实体；
② Layer 21～40 草图；
③ Layer 41～60 曲线；
④ Layer 61～80 参考几何体（基准）；
⑤ Layer 81～100 片体。
（3）为总体控制参数建立表达式（表 2-16）。

表 2-16 建立的表达式

表 达 式	含 义
D=360	床身上的最大工件回转直径
D1=220	刀架上的最大工件回转直径
L=750	两顶尖的最大距离
L_DJ_X=650	刀架的最大移动距离
L_DJ_Y=180	横刀架的最大移动距离
L_X_DJ_Top=95	上刀架的最大移动距离
Angle_DJ_R=45	刀架最大转动角度
L_WZ=100	尾座的前后调整量
L_WZ_Tao=10	尾座套筒的移动量
D_ZZ_Hole=38	主轴孔直径
P_SG=6	丝杠螺距
PW=4	主电机的最大输出功率
L_CS=1790	床身的长度 B
W_CS=290	床身的宽度
H_ZZ_CS=180	床身上的主轴中心高
H_ZZ_DM=1040	地面上的主轴中心高
L_Z=2170	机床长度方向轮廓尺寸
W_Z=870	机床宽度方向轮廓尺寸
H_Z=1260	机床高度方向轮廓尺寸
L_CS_Center=10	床身中心面距主轴中心线的距离

上述公式可以保存在一个.exp 文件中，在 NX 软件中可以直接导入到表达式。
（4）建立基准面等几何体。
如图 2-16 所示，在 CA6136 机床设计中，我们可以主轴中心线为依据，建立这些几何体，主要包括如下。
① 绝对基准。
② 主轴中心线：图中标示"主轴"的线。
③ 机床的总长，长度方向两个基准面："面 2"和"面 4"。
④ 机床的总高，高度方向两个基准面："面 1"和"面 3"。
⑤ 床身导轨的中心基准面："面 7"，该基准面与主轴中心线在宽度方向偏移 10mm，同

时，此面也是机床的宽度方向的对称面。

⑥ 床身的高度基准面："面8"。

⑦ 表示主轴顶尖到尾架距离的两个基准面（最大加工工件长度）："面5"和"面6"。

⑧ 进给箱在高度方向的1个基准面："面12"。"面8"是其高度方向的另一个基准面。

⑨ 溜板箱在长度方向的两个基准面："面9"和"面10"。

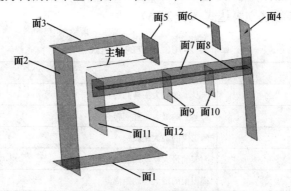

图 2-16　建立基准面等几何体

（5）建立子系统。

① 开始操作前，在NX系统的"装配导航"器中开启"WAVE"模式。

② 在"装配导航器"中，单击鼠标右键，选"WAVE"→"新建级别"，如图2-17所示。

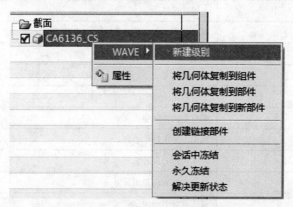

图 2-17　调用"新建级别"菜单

③ 在弹出的"新建级别"对话框中，单击"指定部件名"按钮，如图2-18所示。

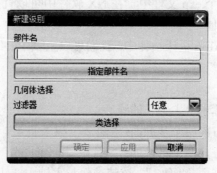

图 2-18　"新建级别"对话框

④ 系统弹出"选择部件名"对话框,如图 2-19 所示。

我们以建立主轴箱为例,在该对话框的文件名输入栏中,输入 ZZX_CS,然后单击"OK"按钮。

图 2-19 "选择部件名"对话框

⑤ 连接几何体。

完成上一步后,系统返回到"新建级别"对话框,单击该对话框中的"类选择",系统将弹出"WAVE 组件间的复制"对话框,可以在此选择要连接到组件中的几何体。

在主轴箱部件中,我们选择连接控制结构中的绝对基准,主轴中心线,机床长、宽、高限位基准面,顶尖基准面等几何体。在这一步中,用户也可以将所有几何体都连接进来。

⑥ 重复步骤 2～5,建立进给箱、溜板箱、床身及导轨、尾座、刀架及其他附件。

⑦ 完成后,单击"保存"按钮,系统将在指定的目录下创建对应的物理文件,如 ZZX_CS.prt 文件。

上述工作完成后,在 CA6136_CS 文件的装配导航器上,可以看到如图 2-20 所示的所有子系统。

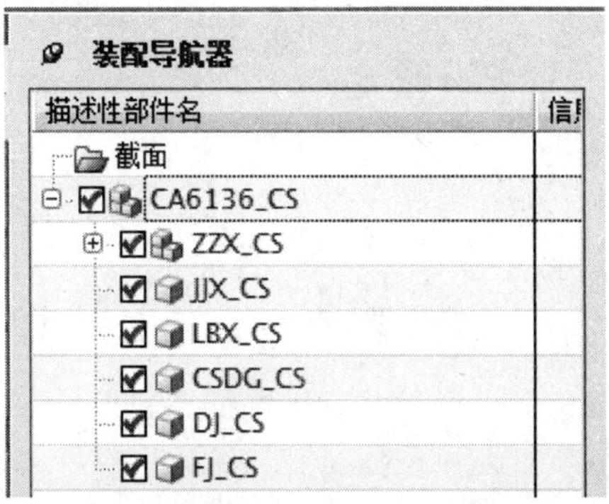

图 2-20 装配导航器中显示的所有子系统

2.6 本章小结

本章中我们首先给出 CA6136 机床的设计条件,在此基础上,分析产品设计流程和各阶段的主要设计任务。重点完成了 CA6136 机床的总体与传动系统设计,得到有关尺寸参数、运动参数及动力参数,最后利用 NX 软件建立车床总体控制结构。

2.7 思考与练习

2-1 普通机床设计的主要工作内容。
2-2 简述如何利用 NX 自顶向下完成产品设计。
2-3 车床包含哪些尺寸参数?如何确定?
2-4 车床有哪些运动和动力参数?如何确定?
2-5 车床有哪些运动和动力参数?如何确定?
2-6 简述车床的传动系统组成及工作原理。
2-7 简述主传动设计的主要步骤。
2-8 简述车螺纹传动的原理。
2-9 车床进给箱包含哪些传动组,如何确定各传动组的传动比。
2-10 溜板箱包含哪些传动机械,如何完成其传动设计。
2-11 WAVE 控制结构中包含哪些信息?
2-12 控制结构与产品装配有何关系?
2-13 如何基于 NX 建立 CA6136 机床的总体控制结构?

第 3 章 车床主轴箱设计

本章在前述总体设计、传动方案的设计基础上,以 C6136A 车床主轴箱为例,利用机械设计的相关理论和知识,进行相关零部件的设计计算、选型、校核及结构布置;在详细分析主轴箱功能、结构的基础上,以 NX 为设计工具,利用其系统工程设计方法,进行设计方案的结构化及数字化,同时进行重要零部件的有限元分析及装配结构的运动仿真,确保产品的设计质量,最终完成主轴箱的工程图,为后续加工制造做好准备。其设计流程如图 3-1 所示。

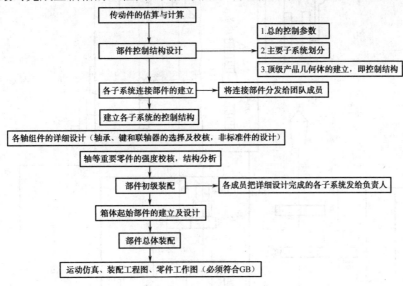

图 3-1 结合 NX 进行主轴箱设计流程图

3.1 主轴箱设计条件与设计内容

主轴箱设计条件:主轴箱传动系统。
设计内容:完成主轴箱三维数字化样机的详细设计,主轴箱装配工程图 1 张,主轴等其他主要零件工作图 5 张。

3.2 传动件的设计计算

根据传动系统图,进行传动方案的结构化,对传动件的尺寸先进行估算。C6136A 车床传动系统图如图 3-2 所示。

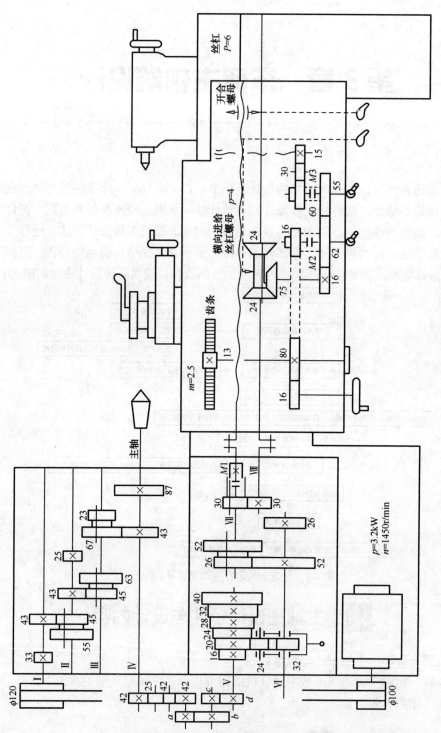

图3-2 CA6136A机床传动系统图

3.2.1 V带传动的计算

在三角带传动中,轴间距 A 可以较大。由于是摩擦传递,带和轮槽间会有打滑,也可因而缓和冲击及隔离振动,使传动平稳。带传动结构简单,但尺寸大,机床设计中多用于电机输出轴的定比传动。带传动的选型设计在机械设计手册或课本上均有详细设计步骤介绍,下文以表格的形式介绍其相关内容。

设计 V 带传动时已知条件:需传递的功率 P(kW)、主动轮转速 n_1(r/min)、从动轮转速 n_2(r/min)及工作条件、传动要求等。设计内容包括确定 V 带截型、根数、长度和其他传动参数,并确定带轮的结构和尺寸等,如表 3-1 所示。

表 3-1 V 带设计计算

设 计 项 目	设计依据及内容	设 计 结 果
1. 选择 V 带型号 (1) 确定计算功率 P_{ca}	查文献[1]相关表格得工作情况系数 K_A,计算得到计算功率 P_{ca}(kW)	计算功率 P_{ca} 值
(2) 选择 V 带型号	按照 P_{ca} 及主动轮转速 n_1,查相关图,选带型	V 带型号
2. 确定带轮直径 d_{d1}、d_{d2} (1) 选取小带轮基准直径 d_{d1} (2) 验算带速 (3) 确定大带轮直径 d_{d2} (4) 计算实际传动比 i (5) 验算大带轮实际转速 n_2	为了提高带的使用寿命,小带轮直径不宜过小,要求大于许用最小带轮直径,各个型号带对应的最小带轮直径可查手册,选取小带轮直径 d_{d1} $v = \dfrac{\pi d_{d1} n_1}{60 \times 1000}$ $d_{d2} = i d_{d1}$ (i 为传动比),查资料加以圆整 $i = d_{d2}/d_{d1}$ $n_2 = n_1/i$ 实际转速与理论转速误差分析	$d_{d1} = ?$ $v = ?$ 是否允许速度范围内,是否合适 $d_{d2} = ?$ $i = ?$ $n_2 = ?$(r/min) 是否在允许误差范围内
3. 确定中心距 a 和带的基准长度 L_d (1) 初订中心距 a_0 (2) 求带的计算基准长度 L_0 (3) 确定中心距 a (4) 确定中心距调整范围	$0.7 \times (d_{d1} + d_{d2})\text{mm} \leq a_0 \leq 2 \times (d_{d1} + d_{d2})\text{mm}$ $L_0 \approx 2a_0 + \dfrac{\pi}{2}(d_{d1} + d_{d2}) + \dfrac{(d_{d2} - d_{d1})^2}{4a_0}$ 查表取接近的标准长度 L_d $a = a_0 + \dfrac{L_d - L_0}{2}$ $a_{\min} = a - 0.015 L_d$ $a_{\max} = a + 0.03 L_d$	选取 a_0 $L_d = ?$ $a = ?$ $a_{\min} = ?$ $a_{\max} = ?$
4. 验算小带轮包角	$\alpha_1 = 180° - \dfrac{d_{d2} - d_{d1}}{a} \times 60°$	$\alpha_1 = ?$,判断是否合适
5. 确定 V 带根数 z (1) 确定额定功率 P_0 (2) 确定 V 带根数 z 确定 ΔP_0 确定包角系数 K_α 确定长度系数 K_L 计算 V 带根数 z	由 d_{d1}、n_1,查表得单根某种类型 V 带的额定功率 P_0 由式 $z \geq \dfrac{P_{ca}}{(P_0 + \Delta P_0) K_\alpha K_L}$ 查表得 ΔP_0 查表得 K_α 查表得 K_L	$P_0 = ?$ $\Delta P_0 = ?$ $K_\alpha = ?$ $K_L = ?$ $z = ?$

续表

设 计 项 目	设 计 依 据 及 内 容	设 计 结 果
6. 计算单根 V 带初拉力 F_0	查表得某类型 V 带每米长的质量 q $F_0 = 500 \dfrac{P_{ca}}{vz}\left(\dfrac{2.5}{K_\alpha} - 1\right) + qv^2$	$F_0 = ?\,\text{N}$
7. 计算对轴的压力 F_Q	$F_Q = 2F_0 z \sin\dfrac{\alpha_1}{2}$	$F_Q = ?\,\text{N}$

3.2.2 计算转速、功率的确定

众所周知,零件设计的主要依据是所承担的载荷大小,而载荷取决于所传递的功率和转速,外载一定时,速度越高,所传递的转矩就越小。对于某一机床,电动机的功率是根据典型工艺确定的,在一定程度上代表着该机床额定负载的大小。对于转速恒定的零件,可以计算出传递的转矩大小,从而进行强度设计。对于有几种转速的传动件,则必须确定一个经济合理的计算转速,作为强度计算和校核的依据。通用机床的工艺范围广,变速范围大,零件设计必须找出需要传递全部功率的最低转速,以此确定传动件所能传递的最大转矩。该最低转速是传递全功率的最低转速,该转速的功率达到最大而转矩也达到最大。

1. 主轴的计算转速

机床主轴的计算转速值因机床不同而异。各类通用机床主轴的计算转速见文献 2 相关表格,CA6136 机床为中型通用机床和半自动机床类别,查参考文献[2],主轴计算转速公式为 $n_j = n_1 \phi^{\left(\frac{z}{3}-1\right)}$,从而可算得主轴计算转速。

2. 传动件的计算转速

变速传动中传动件的计算转速,可根据主轴的计算转速及转速图确定。确定传动轴计算转速时,先确定主轴计算转速,再按传动顺序由后往前依次确定,最后确定各传动件的计算转速。

具体方法:一般先确定主轴前一轴上传动件的计算转速,再顺序往前推,逐步确定其余传动轴和传动件的计算转速。在确定传动件计算转速的操作中,可以先找出该传动件有几级转速,再找出哪几级转速传递了全功率,最后找出传递全功率的最低转速就是该传动件的计算转速。

3. 举例

C6136A 车床转速图如图 3-3 所示,主轴及各传动件计算转速为

$n_j = n_1 \varphi^{\frac{z}{3}-1} = 40 \times 1.58^{\frac{8}{3}} = 85.73\,\text{r/min}$,取 $n_{主j} = 100\,\text{r/min}$

Ⅲ轴共有四级转速:160r/min,250r/min,400r/min,630r/min,主轴由 100~1000r/min 的六级转速都传递全功率。Ⅲ轴若经过传动副 $Z6:Z6'$ 传动主轴,只有 400r/min,630r/min 才传递全功率;若经传动副 $Z5:Z5'$ 传动主轴,则 160~630r/min 皆传递全功率,故 $n_{Ⅲj} = 160\,\text{r/min}$,其余各轴以此类推。

齿轮 $Z5'$(43)装在主轴上并具有 250~1000r/min,共 4 级转速,它们都传递全功率,故 $n_{Z5'j} = 250\,\text{r/min}$。

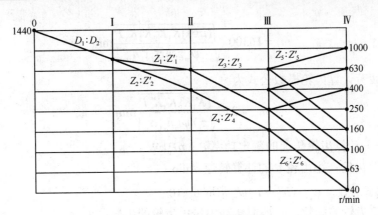

图 3-3　C6136A 车床转速图

齿轮 $Z5$（67）装在Ⅲ轴上并具有 160～630r/min，共 4 级转速，由于经过 $Z5:Z5'$ 传动主轴的转速都传递全功率，故 $n_{z5j}=160\text{r/min}$；

其余各齿轮以此类推。

3.2.3　齿轮的计算

1．估算

按接触疲劳强度和弯曲疲劳强度计算齿轮模数比较复杂，而且有些系数只有在齿轮各参数都已经知道后方可确定，所以只在初步结构方案设计之后校核用。在初步结构设计方案之前，先进行估算，再选用标准齿轮模数。

齿轮弯曲疲劳的估算为

$$m_w \geqslant 32\sqrt[3]{\frac{P}{zn_j}}\text{mm}$$

齿面点蚀的估算为

$$A \geqslant 370\sqrt[3]{\frac{P}{n_j}}\text{mm}$$

式中　P——齿轮所在传动轴的输入功率；

n_j——大齿轮的计算转速；

A——齿轮中心距。

由中心距 A 及齿轮齿数 z_1、z_2 求出模数：$m_j = \dfrac{2A}{z_1+z_2}\text{mm}$

根据估算所得 m_w 和 m_j 中较大的值，查表选取相近的标准模数。

2．验算

结构方案确定后齿轮的工作条件、空间安排、材料和精度等级等都已确定，才可能校验齿轮的接触疲劳和弯曲疲劳强度值是否满足要求。

根据接触疲劳计算齿轮模数公式为

$$m_j = 16300 \sqrt[3]{\frac{(i \pm 1) K_1 K_2 K_3 K_s P}{\psi_m z_1^2 i [\sigma_j]^2 n_j}} \text{mm}$$

根据弯曲疲劳计算齿轮模数公式为

$$m_w = 275 \sqrt{\frac{K_1 K_2 K_3 K_s P}{z_1 Y \psi_m n_j [\sigma_w]}} \text{mm}$$

式中　P——计算齿轮传递的额定功率 $P = \eta P_0$ kW；

n_j——计算齿轮（小齿轮）的计算转速 r/min；

ψ_m——齿宽系数，$\psi_m = b/m$，ψ_m 常取 6～10；

z_1——计算齿轮的齿数，一般取传动中最小齿轮的齿数；

i——大齿轮与小齿轮的齿数比，$i = \dfrac{z_2}{z_1} \geq 1$，"+"用于外啮合，"-"用于内啮合；

K_s——寿命系数，$K_s = K_T K_n K_N K_q$；

K_T——工作期限系数，$K_T = \sqrt[m]{\dfrac{60nT}{C_0}}$，齿轮等传动件在接触和弯曲载荷下的疲劳曲线指数 m 和基准循环次数 C_0 可查相应手册；

n——齿轮的最低转速 r/min；

T——预定的齿轮工作期限，中型机床推荐 $T = 15{,}000\sim 20{,}000 h$；

K_n——转速变化系数，查相关手册；

K_N——功率利用系数，查相关手册；

K_q——材料强化系数，幅值低的交变载荷可使金属材料的晶粒边界强化，起着阻止疲劳细缝扩展的作用，查相关手册；

K_s（寿命系数）的极值 $K_{s\max}$，$K_{s\min}$，查相关手册；当 $K_s \leq K_{s\min}$ 时取 $K_s = K_{s\min}$，当 $K_s \geq K_{s\max}$ 时，取 $K_s = K_{s\max}$；

K_1——工作情况系数。中等冲击的主运动，$K_1 = 1.2\sim 1.6$；

K_2——动载荷系数，查相关手册；

Y——齿形系数，查相关手册；

$[\sigma_w]$、$[\sigma_j]$——许用弯曲、接触应力 MPa，查相关手册。

一般同一变速组中的齿轮取同一模数，选择负荷最重的小齿轮按简化的接触疲劳强度公式计算，并取标准模数。由已选定的齿数和计算确定的模数，组成各齿轮的基本尺寸表，确定齿轮的齿宽。

3.2.4　传动轴的计算

传动轴除应满足强度要求外，还应满足刚度的要求。强度要求保证轴在反复载荷和扭转载荷作用下不发生疲劳破坏。机床主传动系统精度要求较高，不允许有较大变形，因此疲劳强度一般不是主要矛盾。除了载荷很大的情况外，可以不必验算轴的强度。刚度要求保证轴在载荷作用下（弯曲、轴向、扭转）不致产生过大的变形（弯曲、失稳、转角）。如果刚度不足，轴上的零件如齿轮、轴承等将由于轴的变形过大而不能正常工作，或者产生振动和噪声、发热、过早磨损而失效。因此，必须保证传动轴有足够的刚度。通常，先按扭转刚度估算轴的直径，确定初步结构方案后，再根据受力情况、结构布置和有关尺寸，验算弯曲刚度。

1. 传动轴直径估算

传动轴直径按扭转刚度用下列公式估算直径，即

$$d = 91\sqrt[4]{\frac{P}{n_j[\varphi]}}\text{mm}$$

式中　P——该传动轴的输入功率，$P = P_0\eta\text{kW}$；
P_0——电机额定功率；
η——从电机到该传动轴之间传动件的传动效率的乘积（不计该轴轴承上的效率）；
n_j——该传动轴的计算转速，r/min；
$[\varphi]$为每米长度上允许的扭矩角（deg/m），可以根据传动轴的要求选取。

估算时应注意：

（1）$[\varphi]$值为每米长度上允许的扭转角，而估算的传动轴的长度往往不足 1m，因此在计算 φ 时应按轴的实际长度进行折算和修正。如轴为 500mm，选 $[\varphi]$=1 deg/m，则

$$d = 91\sqrt[4]{\frac{P}{n_j \times \frac{1000}{500} \times 1}}\text{mm}$$

（2）效率 η 对估算轴径 d 影响不大，可以忽略，也可以用有关传动件效率的概略值（可查机械设计手册获得）的积求得。

（3）如使用花键时，可根据估算的轴径 d 选取相近的标准花键轴的规格。主轴前轴径可参照表 3-2 经验统计数据确定。

表 3-2　主轴前轴径设计参考数据

功率（kW） 前轴径（mm）	1.5～2.8	2.8～4	4～5.5	5.5～7.5	7.5～11
车床	60～80	70～90	70～105	95～130	110～145
升降台铣床	50～90	60～90	60～95	75～100	90～105

2. 传动轴刚度的验算

（1）轴的弯曲变形的条件和允许值。

机床主传动轴的弯曲刚度验算，主要验算轴上装齿轮和轴承处的绕度 y 和转角 θ。各类轴的绕度 y 和装齿轮轴承处的转角 θ，应小于弯曲刚度的许用值 $[y]$ 和 $[\theta]$ 值，如表 3-3 所示。

表 3-3　各类轴的许用 $[y]$ 和 $[\theta]$ 值

轴 的 类 型	允许绕度	变形部位	允许转角
一般传动轴	0.0003～0.0005	装向心轴承处	0.0025
刚度要求较高轴	0.0002	装齿轮处	0.001
安装齿轮的轴	0.01～0.03	装单列圆锥滚子轴承处	0.0005

续表

轴 的 类 型	允 许 绕 度	变 形 部 位	允 许 转 角
安装涡轮的轴	0.02～0.05	装滑动轴承处	0.001
		装单列圆柱滚子轴承处	0.001

（2）轴的弯曲变形计算公式。

计算轴本身弯曲变形产生的绕度和转角时，一般常常将轴简化为集中载荷作用下的简支梁，按材料力学的有关表格利用叠加法计算。

当轴的直径相差不大且计算精度要求不高时，可把轴看做等径轴，采用平均直径(d_1)来进行计算。计算花键轴的刚度时可采用平均直径(d_1)或当量直径(d_2)。

圆轴：$d_1 = \dfrac{\sum d_i}{i}$，惯性矩 $I = \dfrac{\pi d_1^4}{64}$；

矩形花键轴：平均直径 $d_1 = \dfrac{D+d}{2}$，当量直径 $d_2 = \sqrt[4]{\dfrac{64I}{\pi}}$，惯性矩 $I = \dfrac{\pi d^4 + 6Z(D-d)(D+d)^2}{64}$。

（3）轴的力分解和变形合成。

对于复杂受力轴的变形，现将受力分解成三个垂直平面上的分力，应用弯曲变形的公式求出所要求截面的两个垂直平面内的绕度和转角值，然后进行叠加，在同一平面内的可进行代数叠加，在两个垂直平面内的按几何向量合成，求出该截面的总绕度和总转角。

（4）危险工作条件的判断。

主轴箱传动轴的工作条件有多种，验算刚度时应选择最危险的工作条件进行。一般是轴的计算转速低，传动齿轮的直径小且位于轴的中央，这时，轴受力将使总变形剧增。如果对有多个工作条件难以断定哪一种最危险，就应分别进行计算，找到最大弯曲变形值的绕度和转角。

（5）提高轴的刚度的一些措施。

验算结果如果表明轴的刚度不够，可采取以下措施提高刚度：加大轴的直径；适当减小轴的跨距或者增加第三支承；重新安排齿轮在轴上的位置；改变轴间的布置方位等。加大轴径有时受到轴上小齿轮体厚的限制，增加第三支承，使轴的结构复杂化，都不是最有效和最理想的措施，应首先从齿轮在轴上的布置、轴的相互方位关系来改善受力状态，看是否能够在不加大轴径、不改变轴的基本结构形式的前提下，提高轴的刚度。

为了提高轴的刚度，有时宁愿多加一对固定传动齿轮，增加一根轴，从传动方案上保证中间轴不会太长。

3.2.5　离合器的选择与计算

摩擦离合器目前在机床中应用广泛，因为它可以在运转中接通或脱开，且具有结合平稳、没有冲击、构造紧凑的特点，部分零件已经标准化，多用于机床主传动。选用时应做必要的计算。

一般应使用和设计的离合器的额定静扭矩 M_j 和额定动扭矩 M_d 满足工作要求，由于普通

车床是在空载下启动的，故只需按离合器结合后的静负载扭矩来选。即

$$M_j \geq \mathrm{km}_0 = K \times 9550 \frac{P}{n_j} \times \eta (N \cdot m)$$

对于需要在负载下启动和变速，或启动时间有特殊要求的，应按动扭矩设计离合器。

步骤：决定外摩擦片的直径→选择摩擦片尺寸→计算摩擦面对数→摩擦片片数→计算轴向压力。

3.3 主轴箱数字化样机自顶向下设计

3.3.1 总体布局——控制结构的设计

1. 主轴箱组件的组成

根据主轴箱各组成部分的功能将划分其子组件，包括轮系、传动轴、拨叉、箱体，如图 3-4 所示。

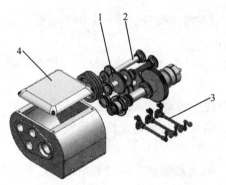

1—轮系；2—传动轴；3—拨叉；4—箱体

图 3-4 主轴箱子组件划分

2. 主轴箱轴的空间布置

主轴箱轴系布置的一般程序：先确定主轴在主轴箱中的位置，再确定传动主轴的轴及与主轴上的齿轮有啮合关系的轴，第三步运动输入轴的位置，最后确定其他各传动轴的空间位置。

（1）车床主轴。

① 垂直方向（高度）$H = \frac{1}{2}D$——由车床主参数 D 决定。

② 水平方向。

主轴中心在尾架导轨中间，也有稍微偏向前导轨的，也有偏向后导轨的，为降低床身导轨的变形，切削力的方向尽可能在前、后导轨之间，主轴中心越往后越好；但从便于装卸工件、减轻劳动强度的角度讲，主轴中心越往前越好。一般中型车床取在尾架导轨中央或稍偏后，这样，既便于操作，又可以使切削力均匀地作用于刀架的两导轨面上。

(2) 传动主轴的轴。

由于切削力 $P_{切}$ 和传动力 $P_{齿}$ 的作用,主轴及其轴承将产生弹性变形,从实验结果分析,中型车床主轴部件的变形及其组成:主轴本身变形约占45%～46%,主轴轴承变形约占30%～45%,轴承的支承件(箱体)变形很小。因此可以认为主轴部件的刚度主要取决于主轴及其轴承。然而,主轴传动齿轮与其相啮合的齿轮之间不同的相对位置,将致使主轴及主轴轴承受力有着很大的变化。

对于精密车床和粗加工车床,对高刚度、高许用载荷和一般刚度、一般许用载荷的前轴承,考虑的偏重也有所不同,因此主轴与有关传动轴的空间位置安排上也应不同。

(3) 输入轴的位置。

① 输入轴上往往安装有离合器等机构,这些部件的位置安装应便于调装。

② 离合器需要考虑便于冷却和润滑,距离主轴部件要远一些,以减少由于摩擦发热对主轴部件产生热变形的影响。

③ 输入轴的轴端常装有皮带轮,而主轴尾端外伸,有可能装自动卡盘的操作气缸或油缸,布置输入轴的位置时,必须保证两者不会相碰,输入轴上带轮外缘不能高出箱体,以免影响外观。

综合上述各点,车床上输入轴一般多安排在主轴箱后壁靠近箱盖处。

(4) 中间各传动轴的位置。

主轴和输入轴的位置确定后,中间各传动轴位置即可按传动顺序进行安排,应考虑满足以下要求。

① 装有离合器的轴:要便于装调、维修和润滑。

② 装有制动装置的轴:要便于装调、维修,该轴应布置在靠近箱盖或箱壁处,同时还应考虑与启动、停止装置的互锁。

③ 装有润滑油泵的轴:要有足够的空间装润滑油泵,其高度要便于油泵吸油和排油,并便于装卸和调整油泵,装有溅油轮或溅油齿轮的轴应注意圆周速度和浸入油面的深度。

④ 与相关部件有联系的轴:车床主运动与进给运动间的内联系是通过主轴箱内的进给运动输出轴联系,它应布置在主轴前下方靠近进给箱处。

⑤ 其他:使箱体截面尺寸紧凑、比例协调,各操纵结构安排得当等。

3. 主轴箱控制结构的建立

(1) 主轴箱产品参数的建立。

根据前面对主传动系统的设计,可确定主轴箱的产品参数为传动系的齿轮模数,传动系统各级齿轮的齿数,箱体高度、长度。

选择文件→新建,建立文件名为 ZZX_Assembly.prt 的文件;选择工具→表达式,建立表达式,如图 3-5 所示。

(2) 主轴箱产品几何信息的建立。

利用草图功能建立如图 3-7 所示的主轴箱控制结构,包括如下信息。①传动系空间的传动布置;②各轴系的空间位置;③拨叉的位置;④箱体轮廓形状。

其中,各轴系传动件的空间传递路线如图 3-6 所示。

第 3 章 车床主轴箱设计

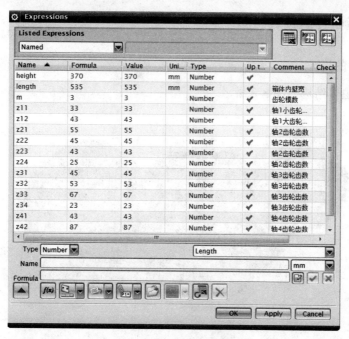

图 3-5 主轴箱控制参数

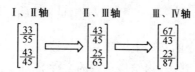

图 3-6 各轴系传动件的空间传递路线

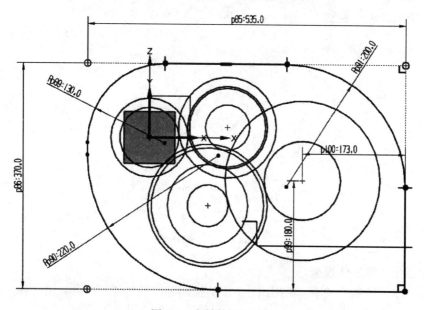

图 3-7 主轴箱控制结构

3.3.2 轮系组件的设计

1. 轮系组件的构成

传动组件的主体结构如图 3-8 所示。

图 3-8 传动件主体结构

2. 轮系组件的构建

（1）在主轴箱控制结构建立的基础上，建立轮系控制结构，如图 3-9 所示。

选择装配→组件→创建新组件，指定传动系的文件名为 gears.prt；在装配导航器中双击结点 gears.prt 将其作为工作部件；选择插入→相关复制→几何链接器，选择如图 3-7 所示的坐标系和草图曲线进行复制。

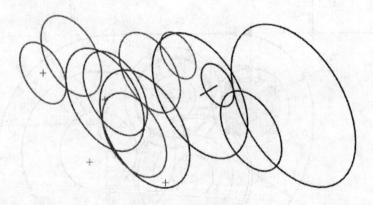

图 3-9 轮系控制结构

（2）构建轮系数字化模型。

根据传动系齿轮啮合关系，利用图 3-9 中的控制结构曲线进行拉伸，设计各齿轮的宽度，如图 3-10 所示。

其中其各齿轮的宽度、间距等尺寸确定，参考如图 3-11 所示和如表 3-4 所示中相关数据。

第 3 章 车床主轴箱设计

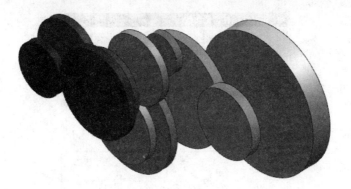

图 3-10 传动系齿轮宽度初设

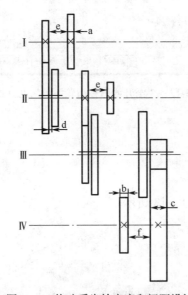

图 3-11 传动系齿轮宽度和间距设计

表 3-4 传动系齿轮宽度和间距设计依据

序 号	尺寸符号	尺寸含义	值	确 定 依 据
1	a	齿宽	15	各轴所传递的扭矩，主轴Ⅳ上的齿轮齿宽应大一些
2	b	齿宽	20	
3	c	齿宽	40	
4	d	滑动齿轮间隙	10	初步设计确定
5	e	固定齿轮间隙	45	此宽度应确保滑动齿轮一对啮合时另外一对要完全脱离

　　选择 GC 工具箱→齿轮建模→圆柱齿轮，选择"创建齿轮"，单击"确定"按钮，选择齿轮类型，设置齿轮参数，如图 3-12 所示，并进行保存，按照相同的方法建立其他所有齿轮。

　　选择装配→组件→添加已存组件，利用约束的方法将上面生成的齿轮装配到如图 3-10 所示的传动系统中去；各轴传动系的固定齿轮或滑移齿轮暂时先看成一体，分别将其中的一个齿轮作为工作部件，用拉伸命令设计两齿轮中间的连接部分，连接部分的直径尺寸此时可以初步给定，到后面轴设计的时候再修改成准确数值。

图 3-12 "渐开线圆柱齿轮参数"对话框

3.3.3 轴系组件的设计

1. 轴系组件

轴系设计的数字化样机如图 3-13 所示。

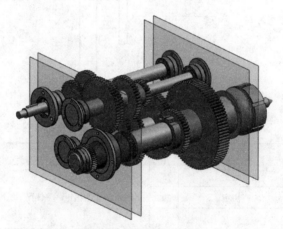

图 3-13 轴系数字化样机

2. 轴系组件的构建

（1）轴系控制结构设计。

根据一般箱体类产品结构特点的共性，各轴的轴承内侧面距离箱体内壁一致，而为使箱体外壁表面一致，轴承端盖的装配位置一般也一致，据此建立轴系控制结构，如图 3-14 所示，其中基准平面 a,b 代表轴承内侧位置面，c,d 代表轴系轴承端盖位置面，其中基准面 a 到轴 1 齿轮左端面的距离为 65，基准面 b 到轴 4 齿轮右端面的距离为 65，而基准面 ac,bd 之间的距离初步设为 35（可根据后面轴组件的设计再来修改）。

(2) 轴系装配方案设计。

拟定轴系上零件的装配方案是进行轴的结构设计的前提，它决定着轴的基本形式。轴上零件的装配方案的确定包括轴上零件的装配方向、装配顺序和定位方式的确定。图3-15所示为主轴箱4根轴的装配方案。

轴 I 的装配方案：35轴承端盖、36双排轴承、37轴套、1固定齿轮从左侧装入，3轴承和4轴承端盖从右侧装入。

轴 2 的装配方案：34滑移齿轮、33轴承从左侧装入，37固定齿轮、轴套7和轴承6从右侧装入。

轴 3 的装配方案：轴承9、滑移齿轮38和滑移齿轮39从右侧装入。

轴 4 的装配方案：锁紧螺母24，小齿轮25，轴套26，轴承22，轴套21，轴套20，螺母18，固定齿轮17，滑动轴承15，调节螺母14、16分别从左侧装入，顶尖12、螺母13分别从右侧装入。

轴上各零件的轴向定位方案具体可参考图3-15。

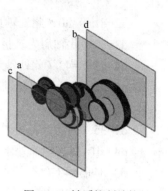

图3-14 轴系控制结构

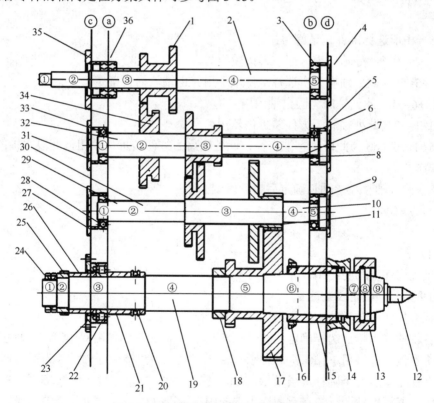

图3-15 轴系零件装配与轴的结构示意图

(3) 轴径向尺寸设计。

如图3-15所示，设计各轴径向尺寸。

轴1：

$d_1=22$（由所选标准件联轴器决定）

$d_2=d_1+8=30$（此处轴肩为固定联轴器用）

$d_3=35$（此轴肩为装拆方便，并根据标准件轴承的内径尺寸确定）

$d_4=d_3+8=43$（此处轴肩为固定齿轮用）

$d_5=d_3=35$（轴承处轴段直径，同一个轴上安装的两个滚动轴承最好是同一个型号）

轴 2：

$d_1=35$（由所选标准件轴承决定）

$d_4=d_1=35$（轴承处轴段直径，同一个轴上安装的两个滚动轴承最好是同一个型号）

$d_3=d_4+5=40$（此处轴肩为方便装拆齿轮用）

$d_2=d_3+8=48$（此处轴肩为固定齿轮用，需做成花键轴）

轴 3：

$d_1=35$（由所选标准件联轴器决定）

$d_2=d_1+6=41$（此处轴肩为固定轴承用）

$d_3=d_2+8=49$（此处轴肩为装拆方便用，需做成花键轴）

$d_5=d_1=35$（轴承处轴段直径，同一个轴上安装的两个滚动轴承最好是同一个型号）

$d_4=d_5+6=41$（此处轴肩为固定轴承用）

轴 4：

$d_1=55$（由所选标准件调节螺母决定）

$d_2=d_1+2=60$（此处轴肩为方便装拆齿轮用）

$d_3=d_2+5=65$（此处轴肩为所选标准件轴承用并由轴承内径确定）

$d_4=d_3+6=71$（此处轴肩为固定轴承用）

$d_5=d_3+1=72$（此处轴肩为方便装拆齿轮用）

$d_6=d_5+4=76$（d_6 为此段轴左端直径，此处轴肩为方便装拆齿轮用，此段主轴的锥度为 1：15）

$d_7=88$（此段轴直径待轴长确定后自动确定）

$d_8=d_7+18=106$

d_9 右侧=64

d_9 左侧=80

（4）轴上组件及轴的结构设计。

① 轴承型号的确定及装配。

调用标准件库，轴承装配的结果如图 3-16 所示。

根据各轴的受力特点选择确定各轴轴承的类型，轴 1 左侧采用双排深沟球轴承，轴 2、轴 3 和轴 1 右侧分别采用单排深沟球轴承，轴 4 左侧采用角接触球轴承，为抵消轴向力，在轴 4 靠近左侧再安装一个圆柱滚子轴承，右侧根据实际需要设计滑动轴承。在如图 3-17 所示的导航器中选择标准件图标，在重用库中选择国标标准件库，在轴承子类中选择合适的轴承类型，直径从成员列表中将其拖曳到 NX 绘图区域，将弹出"添加可重用组件"对话框，如图 3-18 所示，根据上面轴径的确定选择合适的内径及外径尺寸。对轴承利用装配→组件位置→装配约束对轴承进行必要的约束。

第 3 章 车床主轴箱设计

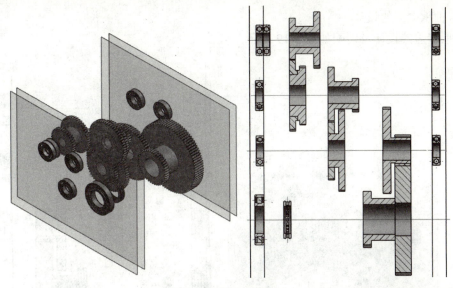

图 3-16 轴承的装配

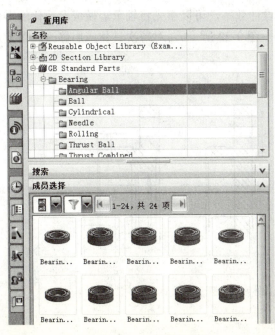

图 3-17 NX 标准件库

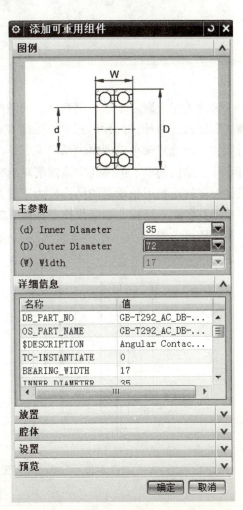

图 3-18 "添加可重用组件"对话框

② 轴承端盖的设计。

轴承端盖的设计及装配如图 3-19 所示。

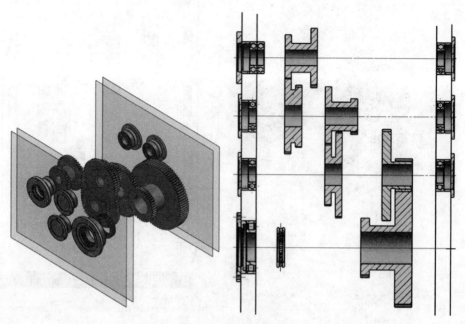

图 3-19　轴承端盖的装配

轴承盖用于固定轴承、调整轴承间隙及承受轴向载荷，多用于铸铁制造。结构形式分凸缘式和嵌入式两种。每种形式中，按是否有通孔又分为透盖和闷盖，透盖的轴孔内应设置密封装置。凸缘式轴承盖调整轴承间隙方便，密封性能好，应用广泛。嵌入式轴承盖不能用螺钉连接，结构简单，但座孔中需镗削环形槽，加工麻烦，本设计采用凸缘式轴承盖。在本次设计中多次用到了轴承盖的结构，为了提高设计效率，可以事先将轴承盖做成参数化的零件模板（其参数、结构、数字化模型如图 3-20～图 3-22 所示），对每次具体应用修改其参数进行装配即可。

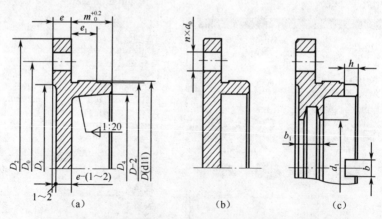

图 3-20　凸缘式轴承盖（具体参数参阅机械设计手册）

第 3 章 车床主轴箱设计

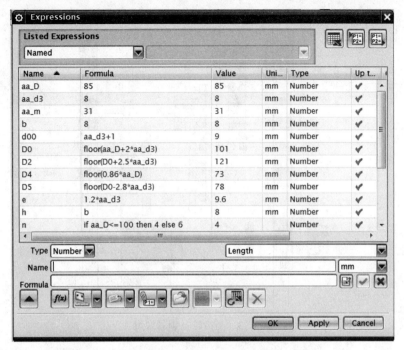

图 3-21 轴承盖参数

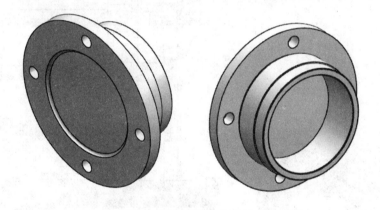

图 3-22 轴承盖参数化模型

③ 主轴 4 小齿轮及锁紧螺母的设计。

根据前面装配方案的设计,在主轴最左侧需要一个小齿轮,该齿轮的作用是将主轴的运动通过挂轮传递到进给箱,该小齿轮的齿数 44 在上一章传动系统设计阶段已经确定,齿轮孔径为主轴径向尺寸,设计阶段确定 d2=60,利用 NX 的齿轮工具箱生成并进行小齿轮的装配。

小齿轮的轴向固定左侧采用双锁紧螺母,固定齿轮左侧也需要一个锁紧螺母,标准件库中目前还没有该类标准件,所以需要利用自底向上的建模功能,根据具体的尺寸事先设计好这两个锁紧螺母模型,利用装配约束将其进行装配,结构如图 3-23 所示。

④ 轴主体结构的设计。

在上面设计的基础上,完成轴的主体结构,如图 3-24 所示。

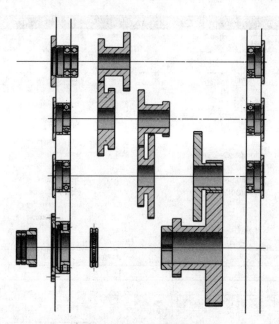

图 3-23 小齿轮及锁紧螺母

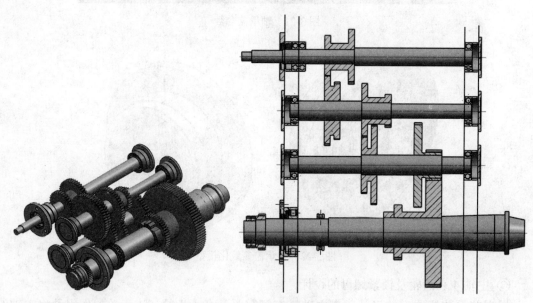

图 3-24 轴主体结构的设计

以主轴 4 为例讲述设计过程。

第 1 步：以 axis_ass.prt 为工作部件，新建轴组件。选择装配→组件→新建组件，建立轴组件，指定文件名称为 zhou.prt。将 zhou.prt 作为工作部件，分别新建各轴组件，名称分别为 zhou1.prt,zhou2.prt,zhou3.prt,zhou4.prt。

第 2 步：以 zhou4.prt 为工作部件，选插入→基准/点→基准平面建立如下基准面，注意在选择定义平面对象之前需设置选择为"整个装配"，并确保"创建部件间链接"选中，依次选择如图 3-25 所示的对象，分别建立 5 个基准平面。

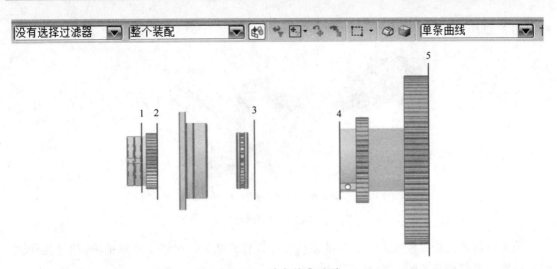

图 3-25 建立基准平面

第 3 步：选择插入→设计特征→拉伸，选择左端小齿轮内圈线作为拉伸线，拉伸特征的开始距离设为 0，结束距离设定为"直至选定"，选择基准平面 1，其他选项设置如图 3-26 所示，单击"应用"按钮。

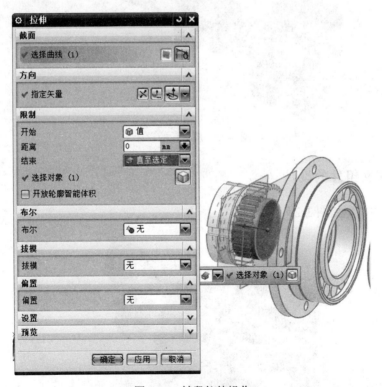

图 3-26 轴段拉伸操作

第 4 步：采用步骤 3 的类似方法，完成各轴段的拉伸操作。
第 5 步：选择插入→组合→求和，将以上特征进行布尔求和操作。
⑤ 主轴上其他零件设计。
根据主轴的工作需求，在前方需要安装调节螺母 1,3,4，滑动轴承 2 及顶尖 5，其详细结

构如图 3-27 所示。

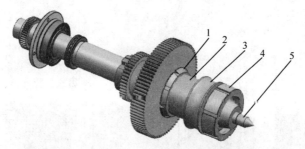

1—调节螺母；2—滑动轴承；3—调节螺母；4—调节螺母；5—顶尖

图 3-27　主轴部件

轴 1 皮带轮设计：根据上一章传动系统设计计算的结果，对轴 1 的皮带轮按照相应尺寸进行自底向上建模并装配，如图 3-28 所示。

图 3-28　皮带轮的设计

3.3.4　拨叉组件的设计

拨叉设计的模型如图 3-29 所示。

图 3-29　拨叉设计的模型

3.3.5 箱体及附件的设计

箱体设计的模型如图 3-30 所示。

图 3-30 箱体设计的模型

1. 箱体控制结构

选择插入→关联复制→WAVE 几何链接器，分别选择如图 3-31 所示的对象作为箱体设计的控制结构。

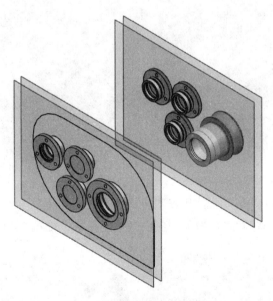

图 3-31 箱体设计的控制结构

2. 箱体结构设计

（1）拉伸主体部分。选择箱体内壁轮廓线作为拉伸曲线，设置如图 3-32 所示。

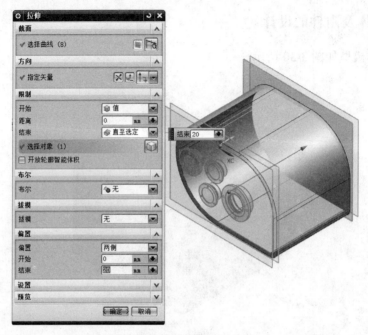

图 3-32 拉伸箱体主体部分

(2) 分别拉伸左右侧面特征,如图 3-33 所示。

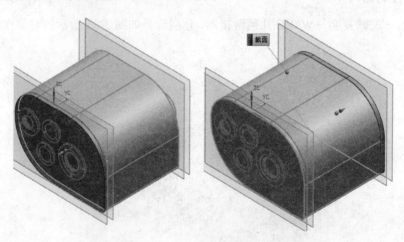

图 3-33 拉伸两侧面

(3) 构建轴承座凸台轮廓线,拉伸左侧面轴承座特征,如图 3-34 所示。

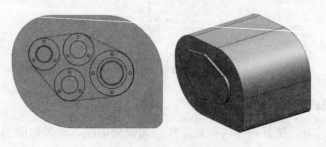

图 3-34 构建轴承座凸台

（4）设计箱体内左侧用于支承轴 1 和轴 4 的轴承的凸台特征如图 3-35 所示，拉伸特征的曲线分别选择两个轴承的外圈曲线，并设置合适的单侧偏置拉伸距离。

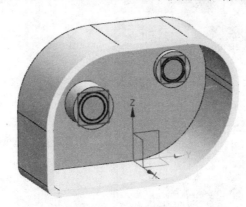

图 3-35　轴承座

（5）完成左侧通孔的构建，图 3-36 所示为轴承座孔及螺栓孔特征。

（6）分别选择拨叉轴的外圈线作为拉伸曲线，建立箱体拨叉的 3 个孔，如图 3-37 所示。

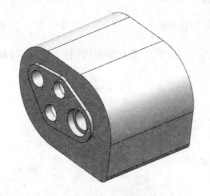 

图 3-36　左侧通孔　　　　　　　图 3-37　拨叉孔

（7）如图 3-38 所示，建立箱体上侧的窥视孔草图并进行窥视孔的设计。

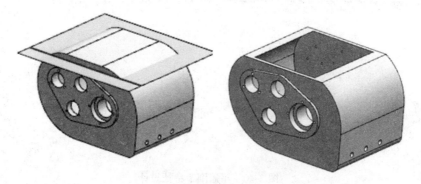

图 3-38　窥视孔

3．箱盖设计

（1）选择箱体窥视孔外侧边缘线作为拉伸线，参数设置如图 3-39 所示。

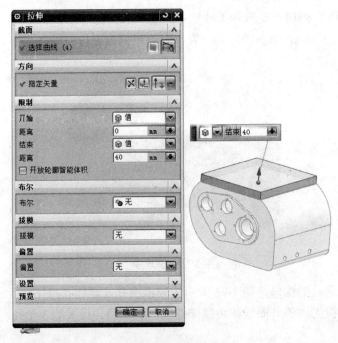

图 3-39 拉伸箱盖主体

（2）建立如图 3-40 所示的两侧草图并分别进行拉伸；建立倒圆特征、打孔特征及抽壳特征，完成箱盖设计。

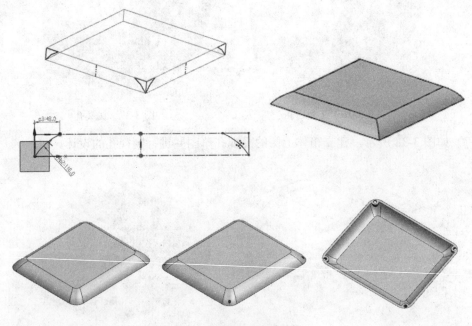

图 3-40 箱盖细节特征设计

3.3.6 各组件工艺等详细结构的设计

在模型主体结构设计结束之后，对各零件进行工艺等详细结构的设计，包括倒圆、倒角、加工退刀槽、装配的配做孔、键槽等。

1. 轴工艺等详细结构设计（图3-41）

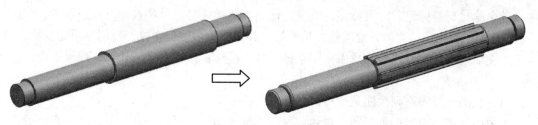

图3-41　轴的工艺结构设计

2. 各传动件详细结构设计（图3-42）

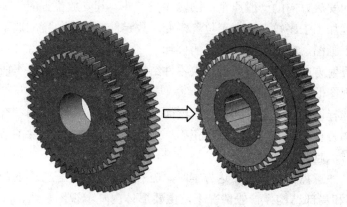

图3-42　齿轮工艺机构设计

3.4　工程图设计

以主轴箱的二维工程图为例，说明工程图中的相关注意事项，借此分析工程图的相关要求，以培养工程意识。如视图表达、尺寸标注、公差配合、技术要求、零件编号等方面的要求。

3.4.1　零件工程图

1. 零件工程图的主要内容及注意事项

零件图是用来表示零件结构形状、大小及技术要求的图样，是直接指导制造和检验零件的重要技术文件。在机器或部件中，除标准件外，其余零件一般均应绘制零件图。

零件图的主要内容如下。

（1）一组视图：用以完整、清晰地表达零件的结构和形状。

（2）全部尺寸：用以正确、完整、清晰、合理地表达零件各部分的大小和各部分之间的相对位置关系。

（3）技术要求：用以表示或说明零件在加工、检验过程中所需的要求。如尺寸公差、形状和位置公差、表面粗糙度、材料、热处理、硬度及其他要求。技术要求常用符号或文字来表示。

（4）标题栏：标准的标题栏由更改区、签字区、其他区、名称及代号区组成。一般填写零件的名称、材料标记、阶段标记、重量、比例、图样代号、单位名称，以及设计、制图、审核、工艺、标准化、更改、批准等人员的签名和日期等内容。学校一般用校用简易标题栏。

下文简要阐述零件图的生成中视图选择、尺寸标注、技术要求设计的一般原则及注意事项。

（1）视图选择的原则及注意事项。

主视图的选择原则：主视图是表达零件的关键视图，选择得合理与否，不但直接关系到零件结构形状表达得清楚与否，而且关系到其他视图数量和位置的确定，影响到看图和画图是否方便。为此，在选择主视图时，应首先确定零件的安放位置，再确定投射方向。

确定主视图的安放方向的一般原则：回转体类零件，其安放位置应选加工位置；叉架、箱体类等零件，因加工工序较多，加工位置多变，故零件的安放位置应选工作位置；倾斜安装的零件，为便于画图，应选将零件放正的位置。

确定零件的投射方向时应选择最能反映零件结构形状特征，以及各组成形体之间相互关系的方向作为主视图的投射方向。

其他视图的选择原则：视零件的复杂程度而定。应注意使每个视图都有其表达的重点内容，并应灵活采用各种表达方法。在满足正确、完整、清晰地表达零件的前提下，视图数量越少越好，表达方法越简单越好。

视图表达时的注意点：在确定表达方案时，应着重考虑以下三方面的问题。

① 主要形体和局部结构：一般情况下，主要形体由基本视图表达，局部结构若不能同时被基本视图表达，则可选择辅助图形。

② 内部结构和外部结构：一般来说，内形较复杂、外形较简单的形体可采用全剖视图；内、外结构开头均需表达时，可用半剖视图或局部剖视图；若要表达的结构其投影重叠时，则可在同一方向上用几个图形（视图、剖视或断面）分别表达不同层次的结构。

③ 集中表达与分散表达：一个视图应尽可能多地表达形体的结构，但应避免在同一视图上过多地采用局部剖视图，致使图形支离破碎，反而影响看图。若有必要较多地使用局部剖视图时，也应将其分散到各个视图中去。

（2）尺寸基准、尺寸标注的原则。

零件图上的尺寸是零件加工、检验的依据。在零件图中标注尺寸除应达到正确、完整、清晰外，还应做到合理，使所注尺寸既要保证设计要求，又要符合加工、测量、检验等工艺要求。值得注意的是，要真正合理地注出零件图上的尺寸，需要具备较多机械设计和加工方面的知识，还要有较丰富的生产实际经验，此处对尺寸标注的合理性问题只做一些初浅的介绍。

尺寸基准根据作用分为两类。

① 设计基准：根据零件的结构特点和设计要求而选定的基准。

② 工艺基准：它是零件在加工、测量、安装时所选定的基准。

标注尺寸时，尽量把设计基准和工艺基准统一起来，既能满足设计要求，又能满足工艺要求。

常用的基准面与基准线如下。
① 常用的基准线：零件的对称中心线、回转体的轴线等。
② 常用的基准面：重要的支承面、端面、安装面、装配结合面、零件的对称平面。
零件图上三个坐标方向上各有一个主要基准和多个辅助基准。
合理标注尺寸的原则如下。
① 影响零件工作性能、精度、互换性及装配定位关系的重要尺寸应直接标注。
② 零件上的不重要尺寸，可作为尺寸链中的开口环，不注尺寸，不能闭合。必须参考时可注尺寸，但应用括号（）括起来。
③ 标注尺寸要考虑制造工艺：按加工顺序标注尺寸，便于看图和加工；考虑加工方法，使所标注的尺寸适合加工方法的要求；考虑测量方便；一般情况下，零件应用总体尺寸（总长、总宽、总高）；对于铸件或冲压件等，加工面与不加工面之间应有一个联系尺寸，其余不加工面间应直接标注尺寸。

(3) 零件图上的技术要求。

现代化的机械工业，要求机械零件具有互换性，这就必须合理地保证零件的表面粗糙度、尺寸精度，以及形状和位置精度。为此，我国已经制定了相应的国家标准，在生产中必须严格执行和遵守。

零件图上除了表达该零件形状的图形和表示其大小的尺寸外，还必须标注和说明制造零件时应达到的一些技术要求。它包括以下一些内容：①零件的表面粗糙度；②零件上重要尺寸的公差及零件的形状和位置公差；③零件材料的热处理及表面处理；④零件特殊加工要求及检验和试验的说明等。

有些技术要求已有国家标准规定的注法，如表面粗糙度、尺寸公差、形位公差等，应按规定的代号、符号、数字等标注在图形上之外，对无规定的技术要求，请用文字分条目书写在图纸下方的空白处。

2. 典型零件工程图示例分析

根据零件在机器或部件中的作用，大致可分为以下三类。

(1) 一般零件：此类零件的结构、形状常根据它在部件中的功能、制造工艺的要求，以及和相邻零件的关系决定。一般零件按其结构特点可分为轴套类零件、盘盖类零件、叉架类零件、箱体类零件等。

(2) 传动零件：这类零件起传递动力和运动的作用，如齿轮、蜗杆和带轮等。通常，齿轮上的轮齿，带轮上的 V 型槽等要素大多已标准化，并有规定画法。

(3) 标准件：标准件主要起联接、支承、密封等作用，如螺栓、垫圈、六角螺母、圆柱销等。以 C6136A 车床主轴箱中常见典型一般零件和齿轮传动零件进行示例分析。

(1) 轴套类零件。

图 3-43（a）和图 3-44 所示为 CA6136 车床某传动轴零件的三维模型及采用 NX Drafting 导出的二维工程图。

轴套类零件包括各种轴、丝杆、套筒等，在机器中主要用来支承传动件（如齿轮、带轮等），实现旋转运动并传递动力。

结构分析：大多数由同轴心线、不同直径的数段回转体组成，轴向尺寸比径向尺寸大得多。轴上常有一些典型工艺结构，如键槽、退刀槽、螺纹、倒角、中心孔等结构，其形状和尺寸大部分已标准化。如图3-43（a）所示的花键即属于轴套类零件。

表达方法：轴套类零件一般在车床上加工，要按形状和加工位置确定主视图，轴线水平放置，大头在左、小头在右，键槽和孔结构可以朝前。轴套类零件主要结构形状是回转体，一般只画一个主视图。对于零件上的键槽、孔等，可作出移出断面。砂轮越程槽、退刀槽、中心孔等可用局部放大图表达。

尺寸标注：①这类零件的尺寸主要是轴向和径向尺寸。径向尺寸的主要基准是轴线，轴向尺寸的主要基准是端面。②主要形体是同轴的，可省去定位尺寸。③重要尺寸必须直接注出，其余尺寸多按加工顺序注出。④为了清晰和便于测量，在剖视图上，内外结构形状尺寸应分开标注。⑤零件上的标准结构，应按该结构标准尺寸注出。

技术要求：有配合要求的表面，其表面粗糙度、尺寸精度要求较严。有配合的轴颈和重要的端面应有形位公差要求，如同轴度、径向圆跳动、端面圆跳动及键槽的对称度等。

（2）盘盖类零件。

图3-43（b）和图3-45所示为CA6136车床某轴承座零件三维模型及采用NX Drafting导出的二维工程图。

盘盖类主要起传动、连接、支承、密封等作用，如手轮、法兰盘、各种端盖等。

结构分析：主体一般为回转体或其他平板型，厚度方向的尺寸比其他两个方向的尺寸小，其上常有凸台、凹坑、螺孔、销孔、轮辐等局部结构。

表达方法：①这类零件的毛坯有铸件或锻件，机械加工以车削为主，主视图一般按加工位置水平放置，但有些较复杂的盘盖，因加工工序较多，主视图也可按工作位置画出。②一般需要两个以上基本视图。③根据结构特点，视图具有对称面时，可作半剖视；无对称面时，可作全剖或局部剖视。其他结构形状如轮辐和肋板等可用移出断面或重合断面，也可用简化画法。④注意均布肋板、轮辐的规定画法。

尺寸标注：①此类零件的尺寸一般为两大类，即轴向及径向尺寸，径向尺寸的主要基准是回转轴线，轴向尺寸的主要基准是重要的端面。②定型和定位尺寸都较明显，尤其是在圆周上分布的小孔的定位圆直径是这类零件的典型定位尺寸，多个小孔一般采用如"4×ϕ18均布"形式标注，均布即等分圆周，角度定位尺寸就不必标注了。③内外结构形状尺寸应分开标注。

技术要求：有配合要求或用于轴向定位的表面，其表面粗糙度和尺寸精度要求较高，端面与轴心线之间常有形位公差要求。

（3）箱体类零件。

图3-33及图3-46所示为CA6136车床主轴箱箱体零件三维模型及采用NX Drafting导出的二维工程图。

阀体，以及减速器箱体、泵体、阀座等属于这类零件，大多为铸件，一般起支承、容纳、定位和密封等作用，内外形状较为复杂。

结构分析：箱体类零件的内外形均较复杂，主要结构是由均匀的薄壁围成不同形状的空腔，空腔壁上还有多方向的孔，以达到容纳和支承的作用。另外，具有强肋、凸台、凹坑、铸造圆角、拔模斜度等常见结构。

表达方法：①这类零件一般经多种工序加工而成，因而主视图主要根据形状特征和工作位置确定，图3-47的主视图就是根据工作位置选定的。②由于零件结构较复杂，常需三个以上的图形，并广泛应用各种方法来表达。在图 3-47 中，除了采用了主、俯、左视图外，还采用了 C 向局部视图反映基本视图未表达清楚的结构，并在主视图中采用了重合断面来表达肋板的结构。

尺寸标注：①它们的长、宽、高方向的主要基准是大孔的轴线、中心线、对称平面或较大的加工面。②较复杂的零件定位尺寸较多，各孔轴线或中心线间的距离要直接注出。③定形尺寸仍用形体分析法标注出，内外结构形状尺寸应分开标注。

技术要求：根据此类零件的具体要求确定其表面粗糙度和尺寸精度。一般对重要的轴线、重要的端面，结合面及其之间应有形位公差的要求。

（4）叉架类零件。

图 3-43（c）及图 3-47 所示为 CA6136 车床某拨叉零件三维模型及采用 NX Drafting 导出的二维工程图。

叉架类零件主要起连接、拨动、支承等作用，它包括拨叉、连杆、支架、摇臂、杠杆等零件。

结构分析：叉架类零件的结构形状多样，差别较大，但都是由支承部分、工作部分和连接部分组成的，多数为不对称零件，具有凸台、凹坑、铸（锻）造圆角、拔模斜度等常见结构。

表达方法：这类零件结构较复杂，需经多种加工，常以工作位置或自然位置放置，主视图主要由形状特征和工作位置来确定。一般需要两个以上基本视图，并用斜视图、局部视图，以及剖视、断面等表达内外形状和细部结构。

尺寸标注：①它们的长、宽、高方向的主要基准一般为加工的大底面、对称平面或大孔的轴线。②定位尺寸较多，一般注出孔的轴线（中心）间的距离，或孔轴线到平面间的距离，或平面到平面间的距离。③定形尺寸多按形体分析法标注，内外结构形状要保持一致。

技术要求：根据此类零件的具体要求确定其表面粗糙度、尺寸精度和形位公差。

（5）齿轮类零件。

图 3-43（d）和图 3-48 所示为某传动齿轮的三维模型及采用 NX Drafting 导出的二维工程图。

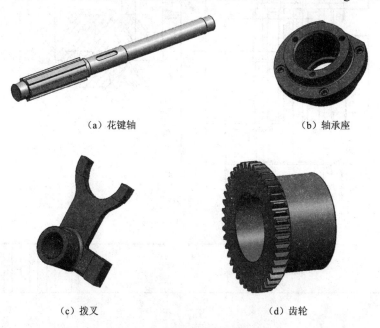

（a）花键轴　　　　　　　　（b）轴承座

（c）拨叉　　　　　　　　　（d）齿轮

图 3-43　典型零件三维模型图

78 机械设计综合实训

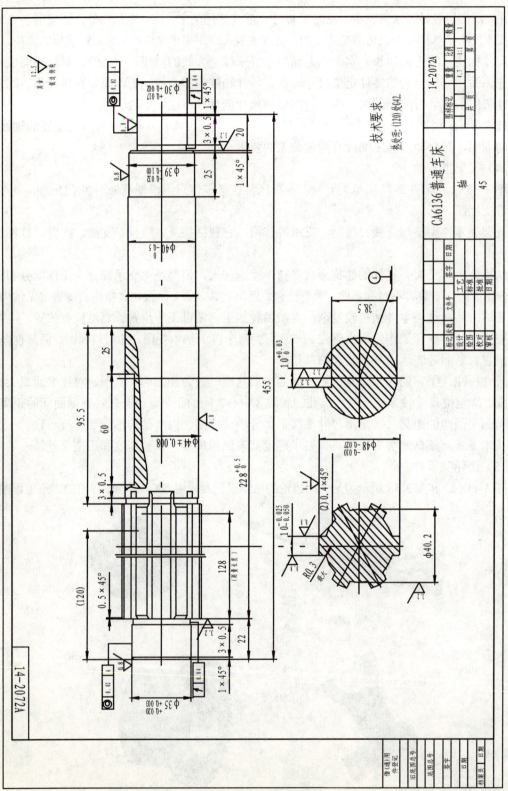

图3-44 花键轴工程图

第 3 章 车床主轴箱设计

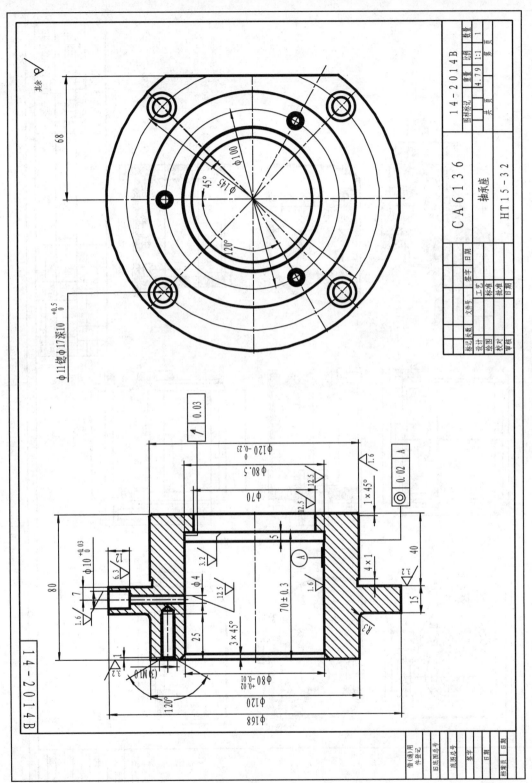

图3-45 轴承座工程图

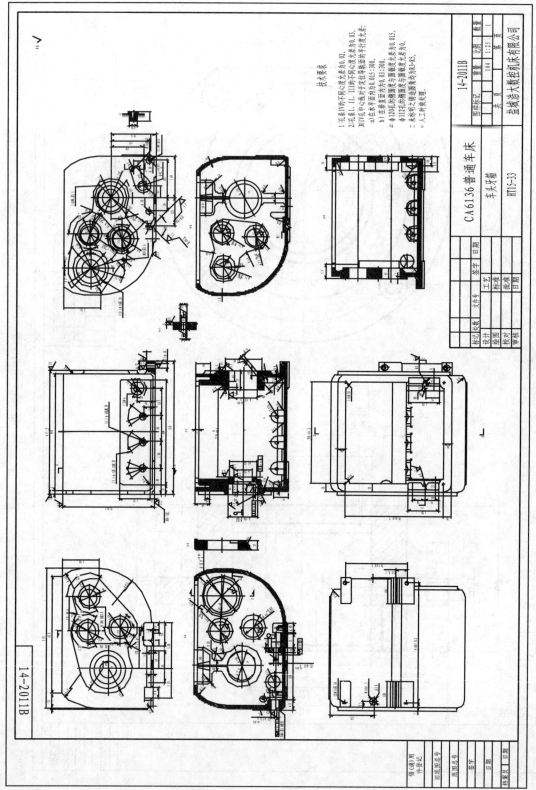

图3-46 箱体工程图

第 3 章 车床主轴箱设计

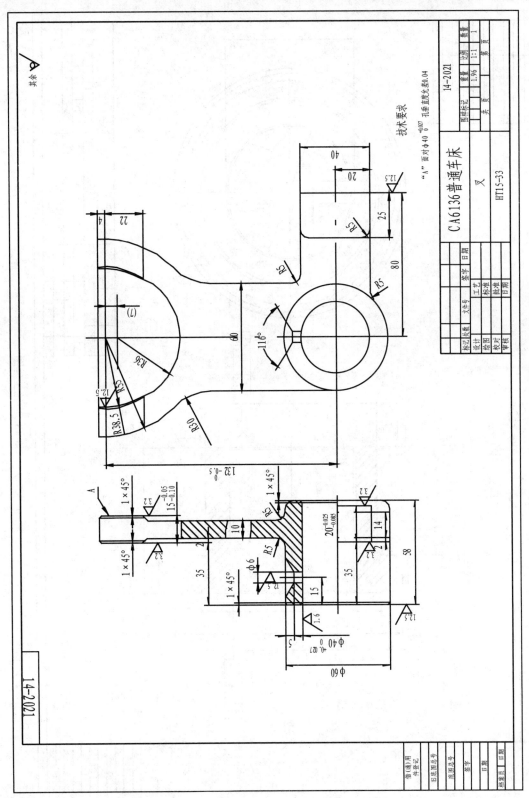

图3-47 拨叉工程图

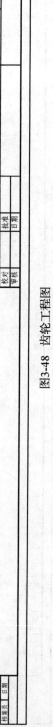

图3-48 齿轮工程图

齿轮是广泛采用的传动零件之一，可以传递动力，又可以改变转速和回转方向。

结构分析：齿轮的结构由于使用要求不同而具有各种不同的形状，但从工艺角度可将齿轮看成是由齿圈和轮体两部分构成的。按照齿圈上轮齿的分布形式，可分为直齿、斜齿、人字齿等；按照轮体的结构特点，齿轮大致分为盘形齿轮、套筒齿轮、轴齿轮、扇形齿轮和齿条等。

表达方法：一般两视图；轴线横置，采用半剖或全剖画出零件的主视图，侧视图可全画，也可画出局部，只要表达出轴孔和键槽的形状和尺寸即可。如斜齿轮，应在图中表示出螺旋方向。齿轮轴的视图与轴零件相似。

尺寸标注：①为了保证齿轮加工的精度和有关参数的测量，标注尺寸时要考虑到基准面。齿轮零件工作图上的各径向尺寸以孔心线为基准注出，齿宽方向的尺寸则以端面为基准标出。齿轮的分度圆直径是设计计算的基本尺寸，必须标出。②齿根圆是根据齿轮参数加工得到的，其直径按规定不必标注。③对于齿轮轴，不论车削加工还是切制轮齿都是以中心孔作为基准。

技术要求：①齿轮基准面的尺寸公差和形位公差的项目与相应数值的确定都与传动的工作条件有关。通常按齿轮的精度等级确定其公差值。②齿轮加工表面相应的表面粗糙度度量数值。③在齿轮工作图中应有啮合特性表，将其布置在图幅的右上角。特性表内容包括齿轮的基本参数、精度等级、圆柱齿轮和齿轮传动检验项目、齿轮副的侧隙及齿厚极限偏差或公法线长度极限偏差。④技术要求说明：对铸锻件及毛坯的要求；对材料机械性能的要求如热处理方法及达到的硬度范围值；对未注圆角半径倒角的说明；对大型或高速齿轮的动平衡实验要求。

3.4.2 装配工程图

装配图是表达机器或部件的工作原理、装配关系、传动路线、连接方式及零件的基本结构的图样。装配图与零件图相同，是生产和科研中的重要技术文件之一。

装配图的主要内容如下。

（1）一组视图：用来表示装配体的结构特点、各零件的装配关系和主要零件的重要结构形状。

（2）必要的尺寸：表示装配体的规格、性能，装配、安装和总体尺寸等。

（3）技术要求：在装配图的空白处（一般在标题栏、明细栏的上方或左面），用文字、符号等说明对装配体的工作性能、装配要求、试验或使用等方面的有关条件或要求。

（4）零件的序号和明细栏：组成机器或部件的每一种零件（结构形状、尺寸规格及材料完全相同的为一种零件），在装配图上，必须按一定的顺序编上序号，并编制出明细栏。明细栏中注明各种零件的序号、代号、名称、数量、材料、重量、备注等内容，以便读图、图样管理及进行生产准备、生产组织工作。

（5）标题栏：说明机器或部件的名称、图样代号、比例、重量及责任者的签名和日期等内容。

图 3-4 及图 3-49 所示为某机床主轴箱三维数字化模型图及采用 NX Drafting 导出的二维装配工程图。

装配工程图常见注意事项如下。

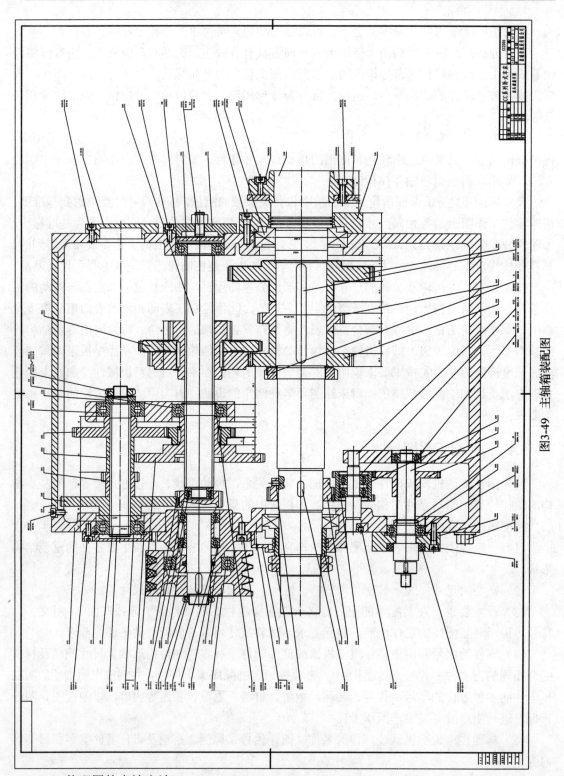

图3-49 主轴箱装配图

（1）装配图的表达方法。

装配图与零件图相同，也是按正投影的原理、方法和《机械制图》国家标准的有关规定绘制的。零件图的表达方法（视图、剖视、断面等）及视图选用原则，一般都适用于装配图。

但由于装配图与零件图各自表达对象的重点及在生产中所使用的范围有所不同，因而国家标准对装配图在表达方法上还有一些专门规定。

① 两零件的接触面和配合面只画一条线，两基本尺寸不相同的不接触表面和非配合表面，即使其间隙很小，也必须画两条线。

② 在剖视图或断面图中，相邻两个零件的剖面线倾斜方向应相反，或方向一致而间隔不同。但在同一张图样上同一个零件在各个视图中的剖面线方向、间隔必须一致。厚度小于或等于2mm的狭小面积的剖面，可用涂黑代替剖面符号。

③ 在装配图中，对于紧固件，以及轴、连杆、球、勾子、键、销等实心零件，若按纵向剖切，且剖切平面通过其对称平面或轴线时，则这些零件均按不剖绘制。当需要特别表明轴等实心零件上的凹坑、凹槽、键槽、销孔等结构时，可采用局部剖视来表达。

④ 装配体上零件间往往有重叠现象，当某些零件遮住了需要表达的结构与装配关系时，可采用拆卸画法。

⑤ 当个别零件在装配图中未表达清楚，而又需要表达时，可单独画出该零件的视图，并在单独画出的零件视图上方注出该零件的名称或编号，其标注方法与局部视图类似。

⑥ 采用假想画法：①当需要表达所画装配体与相邻零件或部件的关系时，可用双点画线假想画出相邻零件或部件的轮廓。②当需要表达某些运动零件或部件的运动范围及极限位置时，可用双点画线画出其极限位置的外形轮廓。③当需要表达钻具、夹具中所夹持工件的位置情况时，可用双点画线画出所夹持工件的外形轮廓。

⑦ 采用展开画法：为了表达传动机构的传动路线和装配关系，可假想按传动顺序沿轴线剖切，然后依次将各剖切平面展开在一个平面上，画出其剖视图。此时应在展开图的上方注明"×-×展开"字样。

⑧ 采用简化画法：①零件的工艺结构，如小圆角、倒角、退刀槽等可不画出；②螺栓、螺母等可按简化画法画出，即螺栓上螺纹一端的倒角可不画出，螺栓头部及螺母的倒角也不画出；③对于装配图中若干相同的零件组，如螺栓、螺母、垫圈等，可只详细地画出一组或几组，其余只用点画线表示出装配位置即可；④装配图中的滚动轴承，可只画出一半，另一半按规定示意画法画出；⑤在装配图中，当剖切平面通过的某些组件为标准产品，或该组件已由其他图形表达清楚时，则该组件可按不剖绘制；⑥在装配图中，在不致引起误解，不影响看图的情况下，剖切平面后不需要表达的部分可省略不画。

⑨ 采用夸大画法：在装配图中，如绘制厚度很小的薄片、直径很小的孔，以及很小的锥度、斜度和尺寸有很小的非配合间隙时，这些结构可不按原比例而夸大画出。

在决定装配体的表达方案时，还应注意以下问题。

① 应从装配体的全局出发，进行综合考虑。特别是一些复杂的装配体，可能有多种表达方案，应通过比较择优选用。

② 在设计过程中绘制的装配图应详细一些，以便为零件设计提供结构方面的依据。指导装配工作的装配图，则可简略一些，重点在于表达每种零件在装配体中的位置。

③ 在装配图中，装配体的内外结构应以基本视图来表达，而不应以过多的局部视图来表达，以免图形支离破碎，看图时不易形成整体概念。

④ 若视图需要剖开绘制时，一般应从各条装配干线的对称面或轴线处剖开。同一视图中不宜采用过多的局部剖视，以免使装配体的内外结构的表达不完整。

⑤ 装配体上对于其工作原理、装配结构、定位安装等方面没有影响的次要结构，可不必在装配图中——表达清楚，可留待零件设计时由设计人员自定。

（2）装配图中的尺寸标注。

装配图与零件图不同，不是用来直接指导零件生产的，不需要、也不可能注出每一个零件的全部尺寸，一般仅标注出下列几类尺寸。

① 特性、规格尺寸：表示装配体的性能、规格或特征的尺寸。它常常是设计或选择使用装配体的依据。

② 装配尺寸：表示装配体各零件之间装配关系的尺寸，它包括①配合尺寸——表示零件配合性质的尺寸；②相对位置尺寸——表示零件间比较重要的相对位置尺寸。

③ 安装尺寸：表示装配体安装时所需要的尺寸。

④ 外形尺寸：表示装配体的外形轮廓尺寸，如总长、总宽、总高等。这是装配体在包装、运输、安装时所需的尺寸。

⑤ 其他重要尺寸：经计算或选定的不能包括在上述几类尺寸中的重要尺寸。此外，有时还需要注出运动零件的极限位置尺寸。

上述几类尺寸，并非在每一张装配图上都必须注全，应根据装配体的具体情况而定。

（3）装配图中的技术要求。

装配图中的技术要求，一般可从以下几个方面来考虑。

① 装配体装配后应达到的性能要求。

② 装配体在装配过程中应注意的事项及特殊加工要求。例如，有的表面需装配后加工，有的孔需要将有关零件装好后进行配作等。

③ 检验、试验方面的要求。

④ 使用要求。如对装配体的维护、保养方面的要求及操作使用时应注意的事项等。

与装配图中的尺寸标注一样，不是上述内容在每一张图上都要注全，而是根据装配体的需要来确定。技术要求一般注写在明细表的上方或图纸下部空白处，如图 3-57～图 3-59 所示。如果内容很多，也可另外编写成技术文件作为图纸的附件。

（4）装配图中的零部件序号及明细栏。

为了便于看图和图纸的配套管理，以及生产组织工作的需要，装配图中的零件和部件都必须编写序号，同时要编制相应的明细栏。

零部件序号的相关注意事项如下。

一般规定：①装配图中所有零、部件都必须编写序号。②在装配图中，一个部件可只编写一个序号，例如，滚动轴承就只编写一个序号；在同一装配图中，尺寸规格完全相同的零、部件，应编写相同的序号。③装配图中的零、部件的序号应与明细栏中的序号一致。

序号的标注形式：标注一个完整的序号，一般应有三个部分，即指引线、水平线（或圆圈）及序号数字，也可以不画水平线或圆圈。

序号的编排方法：序号在装配图周围按水平或垂直方向排列整齐，序号数字可按顺时针或逆时针方向依次增大，以便查找。在一个视图上无法连续编完全部所需序号时，可在其他视图上按上述原则继续编写。

其他规定：①同一张装配图中，编注序号的形式应一致。②当序号指引线所指部分内不便画圆点时（如很薄的零件或涂黑的剖面），可用箭头代替圆点，箭头需指向该部分轮廓。

③指引线可以画成折线，但只可曲折一次。④指引线不能相交。⑤当指引线通过有剖面线的区域时，指引线不应与剖面线平行。⑥一组紧固件或装配关系清楚的零件组，可采用公共指引线，注法如图 3-60 所示，但应注意水平线或圆圈要排列整齐。

明细栏的画法：①明细栏一般应紧接在标题栏上方绘制。若标题栏上方位置不够时，其余部分可画在标题栏的左方。②当明细栏直接绘制在装配图中时，其格式和尺寸如图 3-60 所示。③明细栏最上方（最末）的边线一般用细实线绘制。④当装配图中的零、部件较多位置不够时，可作为装配图的续页按 A4 幅面单独绘制出明细栏。若一页不够，可连续加页。其格式和要求参看国标 GB/T 10609.2—2009，如图 3-50 所示。

明细栏的填写：①当明细栏直接画在装配图中时，明细栏中的序号应按自下而上的顺序填写，以便发现有漏编的零件时，可继续向上填补。如果是单独附页的明细栏，序号应按自上而下的顺序填写。② 明细栏中的序号应与装配图上编号一致，即一一对应。③ 代号栏用来注写图样中相应组成部分的图样代号或标准号。④在备注栏中，一般填写该项的附加说明或其他有关内容。如分区代号、常用件的主要参数，齿轮的模数、齿数，弹簧的内径或外径、簧丝直径、有效圈数、自由长度等。⑤ 螺栓、螺母、垫圈、键、销等标准件，其标记通常分两部分填入明细栏中。将标准代号填入代号栏内，其余规格尺寸等填在名称栏内。

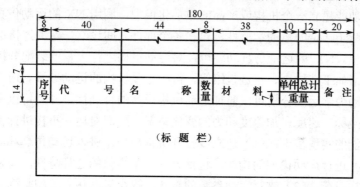

图 3-50　明细栏的画法

3.5　本章小结

本章以车床主轴箱为例详细讲述了其设计过程，按照布局控制结构的设计→部件设计→零件详细结构设计，以自顶向下设计为主辅以自底向上的方法，体现了利用三维软件进行产品设计的实施流程，并将涉及的 NX 相应功能进行具体的过程讲解。读者学习完本章后，能够利用三维软件实施产品或部件的设计过程，并对 NX CAD 模块的使用技能有比较全面的提升。

3.6　思考与练习

3-1　利用三维软件实施一个新产品的设计过程是什么，请写出具体流程。

3-2　总结为了提高产品的设计效率，实施产品设计过程中具体的设计方法应如何应用。

3-3　试用 NX 按照自顶向下的方法建立一级直齿圆柱齿轮减速器，参数可以自己拟定。

第 4 章 零部件运动仿真与结构有限元分析

本章将介绍 NX 运动仿真和高级仿真（有限元分析）模块的基本功能及常规操作，并结合机床产品，运用上述两个模块进行相关零部件的运动仿真与结构有限元分析。

4.1 运动仿真概述

NX 运动仿真能对任何二维或三维机构进行复杂的运动学分析、动力分析和设计仿真。通过 NX 的建模功能建立一个机构或产品的数字化模型，利用 NX 的运动仿真功能给数字化模型的各个部件赋予一定的运动学特性，再在各个部件之间设立一定的连接关系，即可建立一个运动仿真模型。NX 的运动仿真功能可以对运动机构进行大量的装配分析工作、运动合理性分析工作，诸如干涉检查、轨迹包络等，得到大量机构的运动参数。通过对运动仿真模型进行运动学或动力学运动分析可以验证运动机构设计的合理性，并且可以利用图形输出各个部件的位移、坐标、速度、加速度和力的变化情况，从而对运动机构进行优化。

运动仿真功能的实现步骤：（1）建立或打开机构模型，进入运动仿真环境，构建一个运动分析方案；（2）进行运动模型的构建，包括设置每个零件的连杆特性，设置两个连杆间的运动副和添加机构载荷；（3）进行运动参数的设置，提交运动仿真模型数据，同时进行运动仿真动画的输出和运动过程的控制；（4）运动分析结果的数据输出和表格、变化曲线输出，人为地进行机构运动特性的分析。

4.2 运动方案的建立与参数设置

4.2.1 运动方案的建立

在 NX 中打开要进行运动仿真的装配文件，在主界面中选择菜单命令【开始】|【运动仿真】，如图 4-1 所示，进入运动仿真模块。

进入运动仿真模块后，需要建立新的仿真方案才能激活运动仿真功能。在资源工具条上选择"运动导航器"，其中的树状结构显示运动仿真操作导航与顺序步骤。右击其中的装配主模型名称，选择"新建仿真"，弹出"环境"对话框，如图 4-2 所示。

通过不同的选择可以将运动仿真环境设置为运动学仿真或者静态动力学仿真。

（1）运动学：表示对机构进行运动仿真并获得机构运动分析的位移、速度、加速度等数

第 4 章 零部件运动仿真与结构有限元分析

据。在机构存在自由度或者初始力、力矩的情况下不能应用该选项。

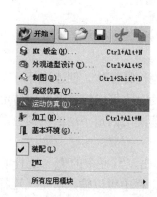

图 4-1 进入运动仿真模块

图 4-2 "环境"对话框

（2）动力学：当机构具有一个或多个自由度或者存在初始载荷时，应选择该选项，通常的运动仿真都是选择该选项。

选中默认的"动力学"单选按钮，默认的运动仿真方案名为"motion_1"，单击"确定"按钮，进入运动仿真模块，同时运动仿真工具条被激活可用，如图 4-3 所示。

图 4-3 "运动"工具条

4.2.2 运动参数的设置

在运动仿真的设计和分析中，有很多参数经常使用，因此，最好在设计和分析之前，事先将一些参数设定好，便于后期的调用。

选择【首选项】|【运动】命令，弹出"运动首选项"对话框，如图 4-4 所示。其中常用的参数和选项主要是"名称显示"、"图标比例"、"角度单位"、"质量属性"等，这些选项和参数的设置需要根据实际分析的对象而定，参数一旦设置后，对整个全局的运动分析都有影响。

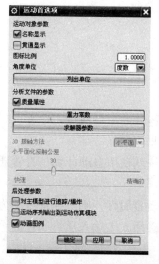

图 4-4 "运动首选项"对话框

4.3 连杆

4.3.1 创建连杆

连杆是机构的基本运动单元，也是机构中基本的刚性特征体。创建连杆时需定义连杆的几何体。当若干几何体作为一个运动单元进行整体运动时，可以将这些几何体定义为一个连杆，但是同一个几何体不能定义到两个连杆上。某些情况下固定不动的机构也需要定义为一个连杆，如机体支架等。

选择菜单栏中的【插入】|【链接】命令，或者单击工具栏中的（连杆）按钮，弹出"连杆"对话框，如图4-5所示。在对话框中的"名称"栏中可以输入所定义连杆的名称。在图形区选择一个或多个几何体来定义连杆对象，被定义过的几何体在下一次定义连杆时将不再高亮显示，即无法定义为另一个连杆。

如果被定义几何体在机构运动中固定不动，在对话框中的"固定连杆"复选框前打上"√"，此时在创建的连杆上出现"固定连杆"图标，如图4-6所示。在"运动导航器"中将自动创建"固定连杆"的树状结构，如图4-7所示。

图4-5 "连杆"对话框

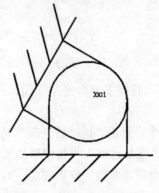

图4-6 "固定连杆"图标

图4-7 "固定连杆"的树状结构

4.3.2 连杆属性

1. 质量属性

在"连杆"对话框中可设置连杆的质量属性，设置选项如图4-8所示。质量属性有"自动"、"用户定义"与"无"3种选项。

（1）"自动"：连杆将按照系统默认值自动计算与设置质量属性，在多数情况下能够生成精确的运动仿真结果。

（2）"无"：表示连杆未设置质量属性，则不能进行动力学分析与静力学分析等。

（3）"用户定义"：表示用户必须人工输入质量属性而否认系统默认值。

2. 初始速度选项

如图 4-9 所示,"初始速度"选项分为"初始平动速率"和"初始转动速度",通过选择矢量来定义初始速度的方向,在对话框中输入初始速度的数值(单位默认为 mm/s)。两项为可选项,可以不设定。

图 4-8 设置"质量属性"选项

图 4-9 设置"连杆初始速度"选项

3. 材料属性

材料属性直接决定了连杆质量和惯性矩,NX 的材料功能可以将材料库中的材料属性赋予机构中的连杆,并且支持用户自定义材料属性。在用户未指定连杆的材料属性时,系统默认连杆的密度为 $7.83 \times 10^{-6} \text{kg/mm}^3$。选择菜单栏中的【工具】|【材料】|【指派材料】命令,弹出"指派材料"对话框,如图 4-10 所示。

图 4-10 "指派材料"对话框

4.4 运动副

4.4.1 运动副类型

每一个无约束的三维空间连杆具有 6 个自由度，分别是沿 X 轴方向移动、沿 Y 轴方向移动、沿 Z 轴方向移动、绕 X 轴方向转动、绕 Y 轴方向转动和绕 Z 轴方向转动。运动副的作用是限制连杆无用的运动，允许系统需要的运动。对连杆创建的运动副会约束连杆的一个或几个自由度，使得由连杆构成的运动链具有确定的运动。

NX 运动仿真模块提供的运动副类型共有 15 种，表 4-1 所示为运动副的类型及每种运动副约束的自由度数目。

表 4-1 运动副与约束的自由度数目

运动副类型	符号	所约束的自由度数目	运动副类型	符号	所约束的自由度数目
旋转副		5	齿轮副		1
滑动副		5	齿轮齿条副		1
柱面副		4	线缆副		1
螺旋副		5	点在线上副		2
万向节		4	线在线上副		2
球坐标系		3	点在面上副		1
平面副		3	固定副		6

4.4.2 Gruebler 数与自由度

Gruebler 数表示机构中总的自由度（DOF）数目的近似值。当一个运动副创建完毕，Gruebler 数会出现在界面的提示栏中。

设机构中有 n 个活动构件，其中主动构件有 x 个，运动副约束的自由度为 y 个，则机构 Gruebler 数的计算公式为 Gruebler 数$=(n\times 6)-x-y$。

Gruebler 数不能完整考虑机构运动的实际情况，因此 Gruebler 数为近似值。当解算器计算的机构实际总自由度（DOF）与 Gruebler 数不同时，解算器会产生自由度错误的信息，此时应以解算器计算的自由度为准。

当机构的总自由度大于 0 时，表明机构欠约束。欠约束的机构具有某些自由的运动，可以进行逼近真实的动力学分析。

当机构的总自由度等于 0 时，表明机构为全约束。运动学分析环境下的仿真需要建立全约束机构，即由合适的运动副约束与运动驱动构成理想的运动机构。

当机构的总自由度小于 0 时，表面机构中存在多余的运动约束（过约束），在仿真求解时可能会出现错误提示。

4.4.3 旋转副

旋转副（Revolute Joint）通过销轴连接两个连杆并为其提供绕 Z 轴旋转的自由度，不允许连杆之间的任何相对移动，如图 4-11 所示。建立旋转副的步骤如下。

（1）选择菜单栏中的【插入】|【运动副】命令，弹出如图 4-12 所示的"运动副"对话框，在"类型"选项中选择"旋转副"。

（2）定义第一连杆。用鼠标在绘图区分别选择构成旋转副的第一连杆、第一连杆的旋转副原点和旋转矢量方向。其中原点为所选圆的圆心，方位为 Z 轴方向（图中箭头方向），通过单击 (切换方向) 按钮可以选择 Z 轴的反方向，如图 4-13 所示。定义第一连杆要素时存在技巧，若选择第一连杆中构成旋转副的圆或圆弧便一次性定义了"操作"栏中的"选择连杆"、"指定原点"和"指定方位"三个要素。

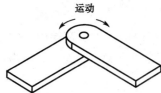

图 4-11　旋转副的运动特征　　图 4-12　"运动副"对话框　　图 4-13　选择第一连杆、指定原点和方位

（3）定义第二连杆。单击"运动副"中"基本"栏中的"选择连杆"，然后在绘图区中选择第二连杆的任意位置，不需要指定第二连杆的原点和方位即可完成定义第二连杆，如图 4-14 所示。单击"确定"按钮即可建立两连杆间的旋转副，该符号如图 4-15 所示。

当装配模型中两连杆的位置关系不满足旋转副要求时，选择"咬合连杆"即可将两连杆咬合至准确的旋转副位置。此时定义第二连杆需要分别定义"选择连杆"、"指定原点"和"指定方位"选项。

（4）若定义第一连杆而不定义第二连杆，则第一连杆与地面连接形成旋转副，接地旋转副的符号如图 4-16 所示。

 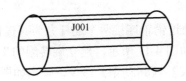 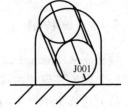

图 4-14　选择第二连杆　　　图 4-15　两连杆之间的旋转副符号　　　图 4-16　接地旋转副符号

4.4.4　滑动副

滑动副（Slider Joint）连接两个连杆并为其提供沿 X 轴方向相对平移的自由度，不允许两个连杆的任何转动，以及在 Y 轴与 Z 轴方向的任何移动，如图 4-17 所示。建立滑动副的步骤如下。

（1）选择菜单栏中的【插入】|【运动副】命令，弹出如图 4-12 所示的"运动副"对话框。在"类型"选项中选择" 滑动副"。

（2）定义第一连杆。用鼠标在绘图区选择第一连杆上构成滑动副的一条边线，如图 4-18 所示。此时完成定义第一连杆、滑动副原点和滑动矢量方向（图中箭头方向），通过单击 可以选择反方向。

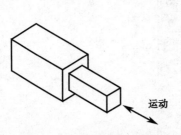 

图 4-17　滑动副的运动特征　　　　　图 4-18　建立滑动副

（3）定义第二连杆。单击"运动副"中"基本"栏中的"选择连杆"，然后在绘图区中选择第二连杆的任意位置，不需要指定第二连杆的原点和方位即可完成定义第二连杆。单击"确定"按钮即可建立两连杆间的滑动副，符号如图 4-19 所示。

第二连杆为可选项，如果只定义第一连杆，则连杆与地面连接形成滑动副，接地滑动副的符号如图 4-20 所示。

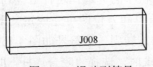 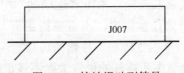

图 4-19　滑动副符号　　　　　图 4-20　接地滑动副符号

4.4.5　齿轮副

齿轮副（Gear Joint）用于定义内、外啮合齿轮机构的传动，也可以模拟空间齿轮等机构的运动。建立齿轮副之前，首先建立正确的齿轮装配与啮合关系，然后建立各个齿轮的旋转副。

选择菜单栏中的【插入】|【传动副】|【齿轮副】命令，弹出如图 4-21 所示的"齿轮副"对话框。

图 4-21 "齿轮副"对话框

用鼠标在绘图区域或者"运动导航器"中分别选择齿轮的两个旋转副。"接触点"为两齿轮分度圆的相切点，适用于轴线平行的齿轮啮合。如果轴线不平行，可创建锥齿轮传动。

"比率"用于定义齿轮的传动比，对于外啮合的齿轮，比率=主动轮齿数/从动轮齿数，对于内啮合的齿轮，比率=－主动齿轮齿数/从动齿轮齿数。外啮合齿轮副如图 4-22 所示。

图 4-22 外啮合齿轮副

4.4.6 齿轮齿条副

齿轮齿条副（Rack/Pinion Joint）能够实现旋转运动与滑动运动之间的转换。在定义齿轮齿条副之前，在齿轮上建立绕着中心轴转动的旋转副，在齿条上建立沿着齿距方向平移的滑动副。选择菜单栏中的【插入】|【传动副】|【齿轮齿条副】命令，弹出如图 4-23 所示的"齿轮齿条副"对话框。

首先选择齿条的滑动副，然后选择齿轮的旋转副，在"比率"文本框中输入齿轮轴线与齿条节线的最短距离及齿轮的节圆半径值。齿轮齿条副符号如图 4-23 所示。

图 4-23 "齿轮齿条副"对话框及符号

4.4.7 点在线上副

点在线上副（Point on Curve）能够约束一个连杆的点与另一个连杆上的线建立接触。当连杆运动时，定义的点在定义的线上进行运动，两者始终保持接触不允许脱离。

点在线上副有下面 3 种类型。

(1) 无约束：点和曲线自由移动。

(2) 固定点：点固定，曲线自由移动。

(3) 固定曲线：曲线固定、点自由移动。如图 4-24 所示。

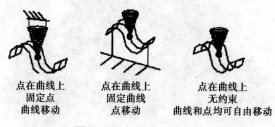

图 4-24 点在线上副符号

选择菜单栏中的【插入】|【约束】|【点在线上副】命令，或者单击"运动"工具栏中的 ⚙ （点在线上副）按钮，弹出如图 4-25 所示的"点在线上副"对话框。根据对话框的提示，分别定义两个连杆上的接触点与接触曲线，单击"确定"按钮即可建立点在线上副。

首先，选择识别点（Point），该点会被约束，并保持和曲线接触，该点可以属于连杆或地；然后选择识别曲线（Curve），定义点要跟随的曲线，该对象可以是连杆或地的一部分。如果在点在线上副中有多于一条的曲线，请先在 NX 建模模块中用 Join Curve（连接曲线）的功能将曲线连接起来，并保证曲线应是相切的。图 4-26 所示为点在线上副的应用实例。

第 4 章 零部件运动仿真与结构有限元分析

图 4-25 "点在线上副"对话框

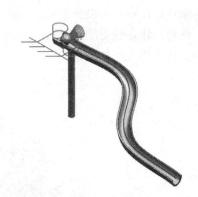

图 4-26 点在线上副

4.4.8 线在线上副

线在线上副（Curve on Curve）能够模拟两个连杆上的曲线之间进行接触且相切的位置关系。当两个连杆进行运动时，定义的两条曲线保持接触而不允许脱离，同时两条曲线相切。线在线上副不同于点在线上副，点在线上副中，接触点必须位于统一平面中；而在线在线上副中，第一个连杆中的曲线必须与第二个连杆中的曲线保持接触且相切，线在线上副去掉两个自由度。线在线上副（Curve on Curve Joint）的图形表示如图 4-27 所示。

图 4-27 线在线上副的图形表示

选择菜单栏中的【插入】|【约束】|【线在线上副】命令，或者单击"运动"工具栏中的 （线在线上副）按钮，弹出如图 4-28 所示的"线在线上副"对话框。根据对话框的提示，分别定义两个连杆上的接触曲线，单击"确定"按钮即可建立线在线上副。

图 4-28 "线在线上副"对话框

选择与第一个连杆相关的平面曲线，即从图形区拾取第一个连杆中的曲线，单击 OK 按钮确认选择；选择与第二个连杆相关的且与第一条曲线共平面的曲线，即从图形区拾取第二个连杆中的曲线,单击 OK 按钮确认选择。

弹出"Joint Parameters"对话框,可编辑运动副的名字、比例和颜色;如有必要,编辑运动副参数;单击 OK 按钮创建线在线上副。

注意:线在线上副不允许有脱离,在整个运动范围中,两根曲线必须保持接触。图 4-29 所示为线在线上副的应用实例。

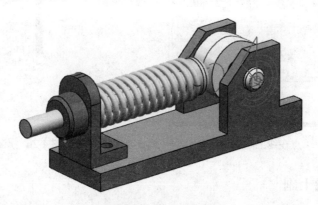

图 4-29 线在线上副

4.5 运动驱动

运动驱动(Motion Drive)是对运动副进行驱动参数的设置,即设置运动机构的原动件。在一个求解方案中,任意一个运动副只能定义一个运动驱动。

在"运动导航器"中,双击需要定义驱动的运动副(如旋转副),弹出"运动副"对话框。选择"驱动"选项,如图 4-30 所示,可选择的运动类型分别为"无"、"恒定"、"简谐"、"函数"和"铰接运动驱动"5 类。

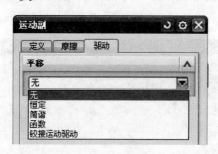

图 4-30 运动驱动

4.5.1 恒定运动驱动

恒定运动驱动设置运动副为恒定的旋转或平移运动,此类运动驱动需要设定的参数为初始位移、初速度和加速度,如图 4-31 所示。

"初始位移"选项定义运动副在运动起始时的初始位置,若初始位移值不为零,机构在仿真解算前咬合到指定的初始位置。在旋转副的运动驱动中,位移的单位为度(°)或者弧度(rad),在滑动副的运动驱动中,位移的单位为毫米(mm)。

第 4 章 零部件运动仿真与结构有限元分析

图 4-31 恒定驱动参数

"初速度"选项定义运动副在运动起始时的初始速度。对于旋转副的运动驱动,速度的单位为°/s 或者 rad/s,在滑动副的运动驱动中,速度的单位为 mm/s。

"加速度"选项定义运动副在运动起始时的初始加速度。若初始加速度为 0,表示运动副做匀速运动。对于旋转副的运动驱动,加速度的单位为°/s^2 或 rad/s^2,在滑动副的运动驱动中,加速度的单位为 mm/s^2。旋转副与滑动副的运动驱动符号如图 4-32 所示。

图 4-32 旋转副、滑动副驱动符号

4.5.2 简谐运动驱动

简谐运动驱动生成光滑的正弦曲线运动。此类运动驱动需要设置的参数为幅值、频率、相位角与位移,如图 4-33 所示。

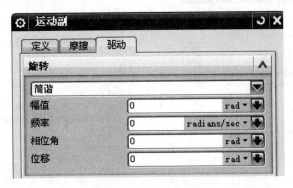

图 4-33 简谐运动驱动

"幅值"选项表示运动副振荡的正负幅值。旋转幅幅值的单位为弧度(rad),滑动副振幅的单位为毫米(mm)。

"频率"选项表示运动副每秒钟循环的次数。

"相位角"选项表示正弦波相对于纵坐标轴的左偏移或右偏移量。

"位移"选项表示正弦波相对于横坐标轴的上偏移或下偏移量。

4.5.3 函数运动驱动

函数类型的运动驱动允许用户通过函数关系式或者 XY 表格函数对运动副施加某种变化规律的运动，其对话框如图 4-34 所示。

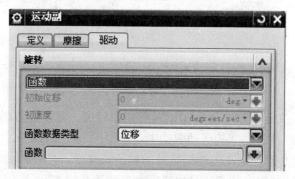

图 4-34 函数运动驱动

首先在对话框的"函数数据类型"栏中选择需要定义函数关系的项目（位移、速度、加速度），然后单击"函数"文本框右侧的 按钮，在下拉菜单中选择"函数管理器"，弹出"XY 函数管理器"对话框，如图 4-35 所示。在"XY 函数管理器"对话框中，可以通过定义数学关系式或者 AFU 表格文件来对运动函数幅值。单击对话框中的 按钮，弹出"XY 函数编辑器"对话框，如图 4-36 所示。在此可以定义函数的名称、编辑函数关系式、设置 X 轴与 Y 轴的单位，单击"确定"按钮完成运动函数的定义。

图 4-35 "XY 函数管理器"对话框

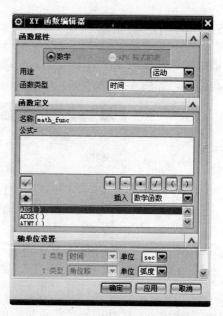

图 4-36 "XY 函数编辑器"对话框

4.5.4 铰接运动驱动

铰链运动驱动需要定义的参数为步长和步数，该运动驱动用于设置运动副以特定的步数

第 4 章 零部件运动仿真与结构有限元分析

运动,每步的步长为所定义的距离值(旋转角度或线性尺寸)。

选择铰接运动驱动类型时,机构运动的设置和分析均在"铰接运动"的操作中进行。

4.6 仿真解算与结果输出

4.6.1 解算

连杆、运动副、运动驱动建立后,在"运动导航器"中右击仿真文件名,选择"新建解算方案",弹出如图 4-37 所示的"解算方案"对话框。对解算方案的各类参数进行设定后,单击"确定"按钮即可建立一组解算方案,此时在"运动导航器"窗口中生成解算方案的树状结构。常用的参数设置如下。

图 4-37 "解算方案"对话框

"解算方案类型":其中有 3 种选择,"常规驱动"适用于常规的运动学、动力学及静力平衡的解算;"铰接运动"适用于驱动类型为"铰接运动"的解算;"电子表格驱动"适用于通过"电子表格"功能驱动机构的运动解算。

"分析类型"一般选择"运动学/动力学"。

"时间"表示机构运动的总时间,单位为秒(s);

"步数"表示在设定的时间内机构运动的总步数。

单击运动工具栏中的"求解"按钮,系统开始求解运算。当进度显示为"100%"时表示运算完毕,系统弹出"求解信息"对话框,其中显示模型仿真的求解日期、保存路径、自由度的处理等信息。此时在"运动导航器"中生成"Results"树状结构。

4.6.2 动画的播放及输出

单击运动工具栏中的"动画"按钮,弹出"动画"对话框,如图 4-38 所示。主要参数及其设置如下。

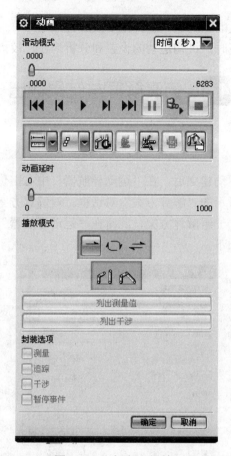

图 4-38 "动画"对话框

"滑动模式":有两个选项,"时间"表示动画播放进度条以时间为进度单位;"步数"表示动画进度条以步数为进度单位。

"封装选项":对机构运动进行测量、追踪及干涉检查,属于仿真结果的后处理。

得到机构运动的动画后,还可以创建动画文件,运用第三方软件播放,可以生成的动画格式有 MPEG,MPEG2,GIF 等。右击运动导航器中的运动仿真文件,选择"导出",选择需要导出的文件格式,单击"指定文件名"可以定义动画文件的文件名及保存路径,单击"预览动画"可以通过弹出的预览对话框观看输出文件的预览动画,单击"确定"按钮在指定目录下生成动画文件。

4.6.3 封装选项

封装选项为运动仿真的几种后处理操作,可用来测量运动机构的位置关系、跟踪并检查运动机构的干涉,可以在发生干涉事件时停止机构运动等。

(1)"干涉"功能能够检查一对实体或者片体在运动过程中的触碰事件,并能够测量干涉的重叠量。单击运动工具栏中的"干涉"按钮 ,弹出"干涉"对话框,如图 4-39 所示。常用"类型"设置参数有 3 种选择,"高亮显示"表示发生干涉的对象以高亮度显示出来;"创建实体"表示用于描述干涉重叠的体积;"显示相交曲线"表示发生干涉事件时系统会显示一组临时的干涉体外部轮廓曲线。

第 4 章　零部件运动仿真与结构有限元分析

(2)"测量"功能用于测量机构对象及点之间的距离和角度并创建安全区域。当测量结果偏离所定义的安全区域时，系统会发出警告。

选择"运动"工具栏中的 测量 按钮，弹出如图 4-40 所示的"测量"对话框。常用参数设置如下。

"类型"有两个选项：其中"最小距离"能够测量对象之间的最小距离，测量对象可以是实体、片体、曲线、标记点等。"角度"能够测量线或者构件直线边缘之间的夹角。

"测量条件"有 3 个选项：其中"小于"表示如果实际测量值小于阈值，则触发测量事件；"大于"表示如果实际测量值大于阈值，则触发测量事件；"目标值"表示如果实际测量值等于阈值，则触发测量事件。

(3)"追踪"功能能够实现对追踪对象轨迹的复制与保存。选择"运动"工具栏中的 追踪 按钮，弹出如图 4-41 所示的对话框。

图 4-39　"干涉"对话框

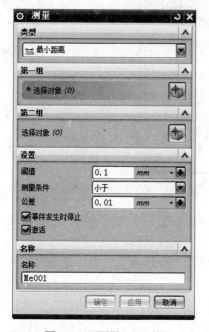

图 4-40　"测量"对话框

图 4-41　"追踪"对话框

4.6.4　图表功能

动画播放只能直观演示机构的运动，通过图表和电子表格功能可以得到机构中各构件的位移、速度、加速度、接触力等运动数据。

在"运动导航器"中，右击"Results"树状结构中的"XY-Graphing"，选择"新建"命令，或者在"运动"工具栏中单击 （作图）按钮，弹出"图表"对话框，如图 4-42 所示。对话框各个选项的功能如下。

图 4-42 "图表"对话框

(1)"选择对象":在"选择对象"列表里选择运动机构中的运动副、连接器或标记等对象,也可以通过鼠标在绘图区或者"运动导航器"中直接选择。

(2)"请求":下拉列表中包含"位移"、"速度"、"加速度"、"力"等选项,用户在其中选择需要创建的运动规律类型。

(3)"分量":下拉列表中包含"幅值"、"X"、"Y"、"Z"、"角度幅值"、"欧拉角度"等选项。"X"、"Y"、"Z"表示某运动参数在动坐标系 X,Y,Z 轴上的线性分量值;"幅值"表示合值;"角度幅值"表示旋转角度的合值;"欧拉角度"选项表示动坐标系绕固定坐标系 X,Y,Z 轴转动的角度,包括"欧拉角度 1"、"欧拉角度 2"和"欧拉角度 3"。

(4)"相对,绝对":定义绘制图表的数据为相对坐标系、绝对坐标系中的数值。

(5)"运动函数":显示机构中运动副所定义的运动驱动函数。

(6)"Y 轴定义":即图表中的 Y 轴变量。在"选择对象"栏中选择运动副或连接器,在"请求"和"分量"栏中进行定义之后,选择 ➕(添加),即可将运动请求加入"Y 轴定义"列表中。若选择多个运动副或连接器进行图表绘制,将在同一图表中绘制出各自的运动曲线,各曲线会以不同的颜色和线形显示出来。选中"Y 轴定义"列表的运动请求项目,再选择 ➖

（删除）命令即可将此项目删除。

（7）"X 轴定义"：即图表中 X 轴的变量，默认变量为时间变量，单位为秒（s）。

（8）"设置"：包括"NX"和"电子表格"两类图表选项。"NX"为系统内置图表功能，表示将运动曲线绘制在 NX 的绘图区域；"电子表格"表示将运动曲线绘制在外链接电子表格中，默认为 Microsoft Excel 表格。Excel 表格能够显示每一步的运动数据与运动曲线。

（9）"保存"：选中"保存"复选框，可以将运动数据与曲线以 AFU 格式文件存储在用户指定的文件夹中。通过"XY 函数编辑器"可以定义 AFU 文件为函数驱动，并且对 AFU 文件进行编辑操作。

4.7 机床主轴箱运动仿真分析

机床主轴箱靠齿轮的啮合来传递运动和动力，通过不同的齿轮配对来实现不同的转速，在设计阶段完成各齿轮啮合传动的运动分析及干涉检查，具有极其重要的意义。

1. 建立连杆

打开主轴箱三维实体模型后，隐去箱盖，进入运动仿真模块。建立如图 4-43 所示的连杆 L001～L005。其中 L001～L004 为各轴及轴上与轴一起转动的零件，如齿轮、键等；L005 为主轴箱箱体，设计成与机床床身固连的连杆，选中"连杆对话框"中的"固定连杆"选项。

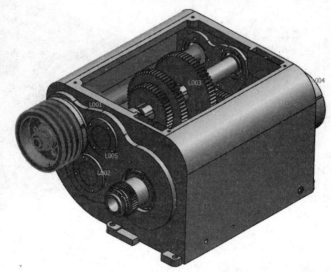

图 4-43 建立连杆

2. 定义旋转副

为了组成一个能运动的机构，必须把两个相邻连杆以一定方式连接起来，即需要定义运动副。如图 4-44 所示，分别在连杆 L001～L004 与 L005 之间定义旋转副 J001～J004，注意定义旋转副时要求绕着轴线转动；J005 由系统在定义 L005 固定连杆时自动生成。在旋转副 J001 上定义运动驱动，驱动类型为恒定，根据前期设计计算设置初速度为 960r/min。

图 4-44　定义旋转副

3. 定义齿轮副

如图 4-45 所示，在旋转副 J001 与 J002 之间建立齿轮副 J006；以此方法，在 J002 与 J003 之间建立齿轮副 J007，在 J003 与 J004 之间建立齿轮副 J008。

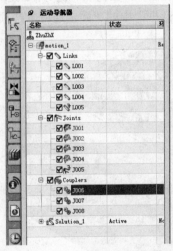 

图 4-45　定义齿轮副

4. 解算方案及求解

打开"解算方案"对话框，输入时长、步数等参数，设置完成后单击"确定"按钮，即可进行求解，求解一步是必须进行的，求解之后才能够观察仿真动画。

通过画面，可以发现常见的干涉位置在齿轮的啮合线上。干涉的原因主要有两个：（1）系统在进行数据处理时，要对零件做大量复杂的计算，由于所采用算法的精度不是足够的高，也由于计算机本身的计算位数有限，会出现微小的偏差，这种情况是不可避免的。（2）生成齿轮渐开线的辅助计算公式存在舍入误差，这种情况可以避免，但过于烦琐。因此，出现微小干涉是由于系统和公式的精度引起的，设计理论本身并没有错误。根据装配经验，这样微小的体积干涉在实际装配时只需做少量技术处理，如将中心距按理论值稍微增大一点，干涉立即消失，所以仿真的结果与工程实际是吻合的。

4.8 NX高级仿真概述

NX 高级仿真是一个综合性的有限元建模和结果可视化的产品，包括一整套前处理和后处理工具，支持广泛的产品性能评估方法。利用高级仿真有限元分析可以仿真如何在一个虚拟环境中执行产品，可以通过减少原型样机从而减少产品成本和开发时间，可以优化设计。

NX 高级仿真的作用不再只是配角，不仅进行事后校核计算，而且参与设计产品生命周期的全过程，包括设计方案的审核、评估、改进、优化、批准和发布。它不仅满足了用户对产品使用功能的要求，而且还满足了产品结构本身应力、变形、稳定性、振动及疲劳等设计功能要求，从而真正提高了产品的设计质量和使用可靠性。

NX 高级仿真技术在提升产品质量过程中起着至关重要的作用，主要体现在以下几个层面。

1．发现设计缺陷

NX 高级仿真建模过程就是对设计方案和图纸再审核的过程，通过 2D 到 3D 再到 CAE 模型，或者直接由 3D 模型建立 CAE 模型的过程，可以及时发现 2D 或 3D 中存在的设计缺陷，例如，尺寸错误、零部件间的干涉、结构形式、板厚、材料选择等，及时改进，避免废品或返修，提升产品的设计质量和制造质量。

2．减少自重

通过 NX 高级仿真技术进行结构合理性研究或结构优化，可以降低结构自重，如减小板厚、简化结构形式等。自重降低了，结构动载及动载特性会随之改善，同时可以提高产品运行可靠性。

3．增加强度

根据 NX 高级仿真计算结果及应力云图和变形云图，可以得到结构的应力分布规律、变形规律和高应力区，这样可以做到有针对性地增加结构强度，优化零部件结构和尺寸，进而提升产品质量。

4．优化性能，选择合适的材料

根据 NX 高级仿真计算结果，对结构材料的选择是否合理做出判断，即对所选材料的屈服极限和强度极限是否合理做出判断，对所选材料屈曲系数和疲劳许用应力是否合理做出判断，这样可以保证产品结构所用材料的性能满足结构实际需求，提升产品使用质量和可靠性。

4.9 NX高级仿真操作流程

NX 高级仿真与其他有限元分析软件基本操作一致，分为前处理、求解和后处理 3 大步骤，可以完成结构优化、疲劳耐久预测等任务，其基本操作流程如下。

（1）创建主模型或者导入三维模型。

三维模型在 NX 高级仿真中也称为主模型，它是有限元分析和计算的基础，并且仿真模型和三维主模型是关联的，因此，构建合理的、参数化的主模型，可以大大提高仿真和优化计算的速度和效率。当然，也可以导入由其他 CAD 软件构建的模型，一般为实体模型。

（2）模型编辑、简化（体）、特征抑制。

为提高计算的效率，对仿真计算和分析结果影响不大的细节结构，通过建模中的编辑、简化体和特征抑制等手段，对细节结构进行处理，不让它们进入到后续的高级仿真模块中。

另外，对于导入的其他格式模型，在分析几何体的基础上，可以采用强大的同步建模技术对它们进行清理和优化，这为大、杂、繁类型的三维模型前处理提供了极大便利。

（3）进入高级仿真环境。

构建好三维模型后，选择菜单【开始】|【高级仿真】即可进入高级仿真环境，如图 4-46 所示，在仿真导航器的树状列表框中，选中要仿真计算的主模型，单击鼠标右键出现一个快捷菜单，即如图 4-47 所示的 3 个命令选项。

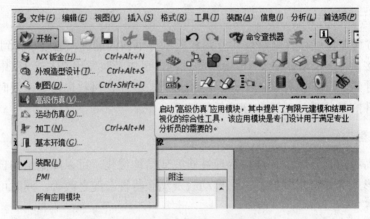

图 4-46　进入高级仿真环境

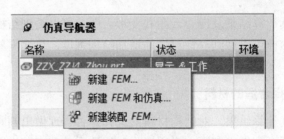

图 4-47　新建一个有限元或者仿真文件

其中，"新建 FEM"是指在主模型或者优化模型的基础上创建一个有限元模型节点，需要设置的主要内容包括模型材料属性、单元网格属性和网格类型；"新建 FEM 和仿真"是指同时创建有限元模型节点和仿真模型节点，其中仿真模型需要创建的内容包括边界约束条件、载荷类型；"新建装配 FEM"是指像装配 Part 模型一样对 FEM 模型进行装配，非常适合对大装配部件进行高级仿真之前的前处理。

（4）优化/理想化模型。

在 NX 高级仿真模块中进行有限元分析，可以直接引用建立的有限元模型，也可以通过

第 4 章 零部件运动仿真与结构有限元分析

模型准备操作简化模型,经过模型准备处理过的仿真模型有助于网格划分,提高分析精度,缩短求解时间。

如果主模型中有细节特征或者几何要素对整个分析结果影响不大,在高级仿真的环境中也可以对此类型的几何结构进行抑制或者删除,如图 4-48 所示,选中理想化模型并单击鼠标右键,单击"设为显示部件",即可进入到理想化模型编辑环境中,在构建有限元模型之前对主模型进行优化处理。

图 4-48　进入理想化模型环境

在"高级仿真"工具条中,优化主模型的功能如图 4-49 所示,根据主模型和后续有限元构建、加载区域设置等实际情况进行相应的选用和操作。

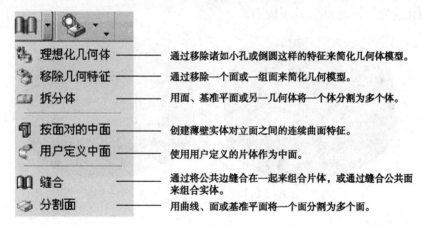

图 4-49　优化主模型功能工具条

① 理想化几何体。

在建立仿真模型过程中,为模型划分网格是这一过程重要的一步。模型中有些诸如小孔、圆角对分析结果影响并不重要,如果对包含这些不重要特征的整个模型进行自动划分网格,会产生数量巨大的单元,虽然得到的精度可能会高些,但在实际的工作中意义不大,而且会对计算机产生很高的要求并影响求解速度。通过简化几何体可将一些不重要的细小特征从模型中去掉,而保留原模型的关键特征和用户认为需要分析的特征,缩短划分网格时间和求解时间。

单击"高级仿真"工具栏中的"理想化几何体"图标或下拉菜单中的【插入】|【模型准备】|【理想化】,打开如图 4-50 所示的"理想化几何体"对话框。有两种方法进行优化,一种是根据所选实体进行优化;另一种是选择一定区域对区域中符合优化要求的特征进行优化。

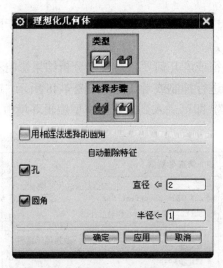

图 4-50 "理想化几何体"对话框

选择"提升"按钮,弹出"提升体"对话框,选择模型,单击"确定"按钮。

单击"理想化几何体"对话框里的"类型"选项图标,这时激活"选择步骤"中的"要求体"选项。单击"选择步骤"中的"要求体"图标,选择屏幕中的模型。在对话框中的"自动删除特征"选项组选中"孔"和"圆角"复选框,分别填写直径 2 和半径 1。单击"确定"按钮,理想化前后的模型如图 4-51 所示。

图 4-51 理想化几何体示例

② 移除几何特征。

可以通过移除几何特征直接对模型进行操作,在有限元分析中对模型不重要的特征进行移除。

单击"高级仿真"工具栏中的"移除几何特征"图标,打开"移除几何特征"对话框,用户可直接在模型中选择单个面,同时也可以选择与之前相关的面和区域,如添加与选择面相切的边界、相切的面及区域。完成移除特征操作前后的模型如图 4-52 所示。

③ 拆分体。

在分析过程中,有时需要对模型的某一部分进行分析,拆分体操作对有限元模型进行分割修剪,可以为用户提供所需的各种形状的分割体并且系统能够在分割位置自动创建网格配对条件。系统提供多种分割工具,包括基准平面、片体、平面和曲线等。

第 4 章 零部件运动仿真与结构有限元分析

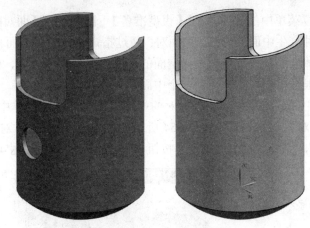

图 4-52 "移除几何特征"对话框及示例

"拆分体"对话框及拆分体操作前后的模型如图 4-53 所示。

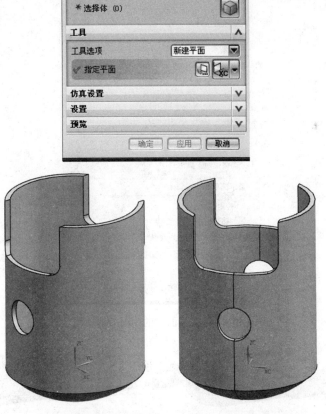

图 4-53 "拆分体"对话框及示例

④ 抽取中面。

抽取中面操作常用于对薄壁等模型进行简化,取代对薄壁模型进行三维网格分析而用中面进行二维网格分析。

单击下拉菜单中的【插入】|【模型准备】|【中面】|【面对|用户定义|偏置】命令，NX系统提供 3 种产生中面的方法，即面对：通过指定实体的内表面和外表面，产生中面；偏置：通过指定实体表面，设置中面离指定面的距离比值，生成中面，偏置比值为 0%～100%；自定义方法：根据需要为实体指定一个中面。

单击"中面"工具栏的"按面对的中面"图标或下拉菜单中的【插入】|【模型准备】|【中面】|【面对】命令，打开如图 4-54 所示的"按面对的中面"对话框。选择实体后单击"自动创建面对"，完成后单击"确定"按钮，创建前后的模型如图 4-55 所示。

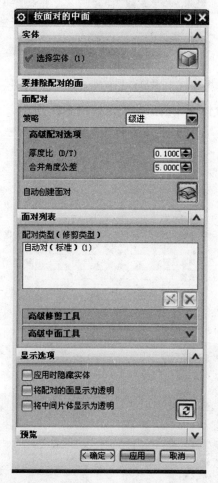

图 4-54 "按面对的中面"对话框

图 4-55 抽取中面示例

⑤ 缝合。

为完成整个实体的网格一致划分，常采用缝合操作，它将各片体或实体表面缝合在一起。单击"高级仿真"工具栏中的"缝合"图标或下拉菜单中的【插入】|【模型准备】|【缝合】，

第 4 章 零部件运动仿真与结构有限元分析

打开如图 4-56 所示的"缝合"对话框。缝合操作有以下两种缝合类型，即"片体"：将两个或多个片体缝合成一个片体；"实体"：将两个或多个实体缝合成一个实体。

在缝合操作中，缝合片体或实体间的间隙都不得大于用户给定的缝合公差，否则操作不能成功。具体操作可以按照系统提示的步骤来完成。

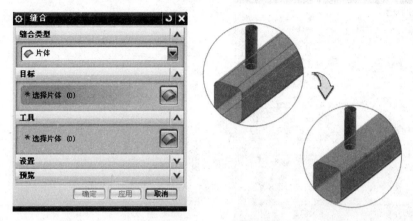

图 4-56 "缝合"对话框及示例

（5）创建有限元模型。

操作步骤主要包括对优化模型赋予材料属性、创建模型的物理属性、定义单元类型（包括 0D、1D、2D、3D 和 1D 接触、2D 接触）和网格类型，最后划分网格，建议采用自动划分单元大小。

划分网格是有限元分析的关键一步，网格划分的优劣直接影响最后的结果，甚至会影响求解是否能完成。NX 高级分析模块包括零维网格、一维网格、二维网格、三维网格和连接网格五种类型，每种类型都适用于一定的对象。

① 零维网格：用于指定产生集中质量单元，这种类型适合在节点处产生质量单元。

② 一维网格：一维网格单元由两个节点组成，用于对曲线，边的网格划分（如杆、梁等）。

③ 二维网格：二维网格包括三角形单元（3 节点或 6 节点组成），四边形单元（4 节点或 8 节点组成），适用于对片体、壳体实体进行划分网格。注意在使用二维网格划分网格时尽量采用正方形单元，这样分析结果就比较精确；如果无法使用正方形单元，则要保证四边形的长宽比小于 10，如果是不规则四边形，则应保证四边形的各角度为 45°～135°；在关键区域应避免使用有尖角的单元，且避免产生扭曲单元，因为对于严重的扭曲单元，NX 的各解算器可能无法完成求解。在使用三角形单元划分网格时，应尽量使用等边三角形单元，还应尽量避免混合使用三角形和四边形单元对模型划分网格。

④ 三维网格：三维网格包括四面体单元（4 节点或 10 节点组成），六面体单元（8 节点或 20 节点组成）。10 节点四面体单元是应力单元，4 节点四面体单元是应变单元，后者刚性较高，在对模型进行三维网格划分时，使用四面体单元应优先采用 10 节点四面体单元。

⑤ 连接网格：连接网格在两条接触边或接触面上产生点到点的接触单元，适用于有装配关系的模型的有限元分析。NX 系统提供焊接、边接触、曲面接触和边面接触四类接触单元。

3D 四面体网格常用来划分三维实体模型。单击"有限元模型"工具栏中的"3D 四面体网格"图标或下拉菜单中的"插入"→"网格"→"3D 四面体网格",打开如图 4-57 所示的"3D 四面体网格"对话框。

图 4-57 "3D 四面体网格"对话框及示例

在 NX 高级分析模块中,若实体模型的某个截面在一个方向保持不变或按固定规律变化,则可采用 3D 扫掠网格为实体模型划分网格。系统在进行网格扫掠时,先在选择的实体面上划分二维平面单元,再按拓扑关系向各截面映射单元,最后在实体上生成六面体单元,如图 4-58 所示。

3D 扫掠网格有两种网格类型,8 节点六面体单元和 20 节点六面体单元,一般来说,网格单元越密、节点越多,相应的解算精度就越高。可以通过源元素大小自定义指定面上的扫掠单元大小,该尺寸也粗略地决定扫掠实体模型产生的单元层数。

如果主模型或者优化模型有变动,网格划分操作需要更新;如果需要提高计算精度,也可以在完成解算的基础上,进一步对网格划分进行细化,既可以减小模型中所有单元的密度大小,也可以局部减小敏感单元的密度大小。

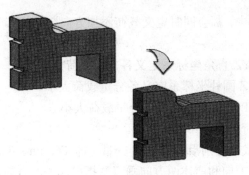

图 4-58　3D 扫掠网格

完成有限元模型设置操作后，可以利用菜单栏中的"节点/单元信息"命令查看各个节点或者单元的编号；建议利用"有限元模型检查"和"有限元模型汇总"命令来检查节点、单元是否合理，查看单元的单元宽高比（Aspect Ratio）、翘曲（Warp）、歪斜（Skew）、雅克比（Jacobian Ratio）等性能指标是否达到要求，并且各个指标可以通过"阈值"进行客户化定制。

（6）创建仿真模型。

通过"约束类型"命令，设置仿真模型的边界条件；利用"模型对象"命令，设置模型之间的接触条件；利用"载荷类型"命令，设置各个类型的载荷及其大小。

在 NX 高级分析模块中载荷包括力、力矩、重力、压力、边界剪切、轴承载荷、离心力等，可以将载荷直接添加到几何模型上，载荷与作用的实体模型关联，当修改模型参数时，载荷自动更新，而不必重新添加，在生成有限元模型时，系统通过映射关系作用到有限元模型的节点上。

载荷类型一般根据分析类型的不同包含不同的形式，在结构分析中常包括以下形式。

① 力：力载荷可以施加到点、曲线、边和面上，符号采用单箭头表示。

② 法向压力：法向压力载荷是垂直施加在作用对象上的，施加对象包括边界和面两种，符号采用单箭头表示。

③ 重力：重力载荷作用在整个模型上，不需用户指定，符号采用单箭头在坐标原点处表示。

④ 压力：压力载荷可以作用在面、边界和曲线上，与正压力相区别，压力可以在作用对象上指定作用方向，而不一定是垂直于作用对象的，符号采用单箭头表示。

⑤ 力矩：力矩载荷可以施加在边界、曲线和点上，符号采用双箭头表示。

⑥ 边缘剪切：边缘剪切只能施加在边界上，沿边的切向作用压力载荷，符号采用单箭头表示。

⑦ 轴承载荷：轴承载荷是指作用在一段圆弧面或圆弧边界上的载荷，且在作用对象上分布不均匀，是一种变化的载荷，变化规律可以按正弦规律变化也可以按抛物线规律变化。在为对象添加该载荷时，需指定最大载荷的作用点和作用范围的角度。符号采用单箭头表示。

⑧ 离心力：离心力作用在绕回转中心转动的模型上,系统默认坐标系的 z 轴为回转中心，在添加离心力载荷时用户需指定回转中心与坐标系的 z 轴重合。符号采用双箭头表示。

⑨ 温度载荷：温度载荷可以施加在面、边界、点、曲线和体上，符号采用单箭头表示。

⑩ 热膨胀：热膨胀载荷主要用于热分析结构中，施加对象包括面和边界，符号采用箭头表示。

在多数载荷添加过程中,都会同时定义载荷添加方向,UG NX 系统提供 5 种载荷方向定义方式。

① XYZ 分量:按 XYZ 直角坐标系定义各方向载荷分量大小。

② RTZ 分量:按 RTZ 圆柱坐标系定义各分量载荷大小。

③ RTP 分量:按 RTP 球坐标系定义各分量载荷大小。

④ 垂直于:添加载荷垂直于作用对象上。

⑤ 沿边界:添加的载荷分别沿边界 3 个分量,即 Ft、Fn、Fs,分别表示沿边界的切线方向,边界所在面的法线方向和前述两方向垂直并指向模型的方向。

在建立一个加载方案过程中,所有添加的载荷都包含在这个加载方案中,如图 4-59 所示。当需在不同加载状况下对模型进行求解分析时,系统允许提供建立多个加载方案,并为每个加载方案提供一个名称,也可以自定义加载方案名称。也可以对加载方案进行复制、删除操作。

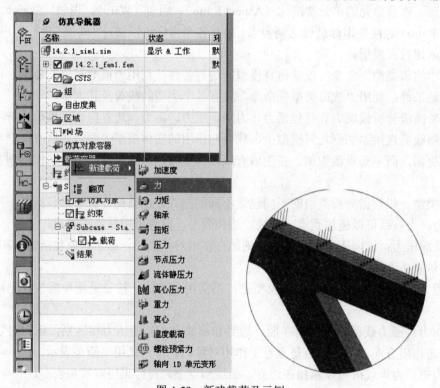

图 4-59 新建载荷及示例

(7)仿真模型检查。

在模型求解之前,可以通过"仿真信息汇总"命令来查看边界条件和载荷情况设置是否合理;通过"模型设置检查"命令来查看上述操作设置是否存在不合理之处,如有错误提示,则分别在仿真模型或者返回到有限元模型环境做进一步检查和修改。

(8)仿真模型求解。

求解提交方案有 4 种模式:直接求解;写入求解器输入文件;求解输入文件;写入、编辑并求解输入文件。直接求解为默认方式,也是一般结构计算中最常用的一种。

根据求解需要,可以对解算方案属性进行编辑,对求解器参数进行编辑;如果没有进行上述步骤(7)的操作,建议在求解之前使用默认的"模型设置检查"选项。

第4章 零部件运动仿真与结构有限元分析

在求解过程中，可以借助"解算监视器"来查看求解过程及其求解结果是否会收敛等信息。等待"作业分析监视器"的列表框中出现"completed"后表示整个求解过程完成，可以关闭"信息"、"解算监视器"和"作业分析监视器"3个对话框，同时在"仿真导航器"中出现"Results"节点，意味着可以进入后处理操作了。

（9）仿真模型后处理。

右击"Results"，在弹出的快捷菜单中单击"打开"，即可进入"后处理导航器"窗口，在后处理中考查结果。

4.10 机床主轴有限元分析

下面以对CA6140机床主轴结构有限元分析为例，介绍对机械结构进行有限元分析的基本步骤。

1. CA6140机床主轴受力模型的建立

（1）机床主轴计算转速的确定。

在机床主轴计算转速的确定的情况下，低速重载时，主轴受力变形大，所以应该选择机床传动中的低速分支，CA6140共24级转速，低速分支共16种转速，从10～500r/min成等比数列分布，因此只要在10～500r/min之间确定出传递全功率的最低转速，就可以确定出机床主轴承受的最大扭矩，从而建立机床主轴的力学模型。

如图4-60所示是CA6140机床的主传动功率和扭矩特性图，其中n表示转速；T表示扭矩；P表示功率。主轴计算转速为n_c，指主轴传递全功率时的最低转速。T_{max}表示主轴最大扭矩，P_{max}表示主轴的最大功率。当$n \geqslant n_c$时，主轴传递全功率，而T则随转速增加而减小。此段为恒功率工作范围；当$n \leqslant n_c$时$T=T_{max}$，而P则随转速的降低而减少，此为恒扭矩工作范围。通用机床及专门化机床，其计算转速是根据调查分析和测定而得出的。对中型通用机床和用途较广的半自动机床的n_c确定公式为

$$n_c = n_{min} \phi^{z/3-1}$$

式中n_c表示机床计算转速；n_{min}表示机床的最低转速，ϕ表示机床转速之间的公比；Z表示机床转速级数。CA6140机床$n_{min}=10$r/min，$\phi=1.25$，$Z=24$。

计算可得到CA6140机床计算转速$n_c = 10 \times 1.25^7 = 50$r/min。

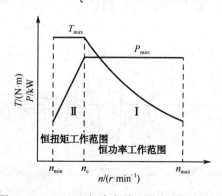

图4-60 CA6140机床主传动功率和扭矩特性

（2）受力模型的简化及力的计算

图 4-61 所示为 CA6140 主轴箱展开图，图中中间支承、后支承都是短支承，机床前支承为长支承。传递全功率的最低转速处于低速传动组内，所以动力通过 V 轴上的小齿轮和 VI 轴上的大齿轮以 26∶58 传给上轴。车床的车削力中主切削力最大，其余两个相比之下影响较小，所以忽略不计，由此简化后的力学模型如图 4-62 所示。

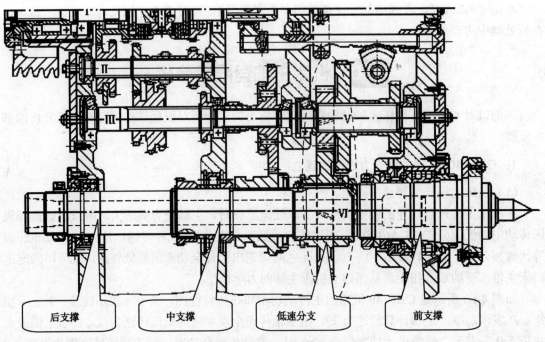

图 4-61 机床主轴箱展开图

其中 F_r、F_t 分别表示主轴上大齿轮所受径向力和切向力。F_3 表示刀具对工件的主切削力。T_1 表示由 F_t 产生的扭矩，T_2 表示 F_3 产生的扭矩。

主轴扭矩计算公式为

$$T = 9550 P / n_c$$

其中 T 为主轴传动的扭矩，单位为 N·m；P 表示轴的计算功率，单位为 kW；n_c 表示主轴计算转速，单位为 r/min。代入机床电机功率 7.5kW，取效率为 0.9，$T = 9550 P / n_c = 9550 \times 7.5 \times 0.9 / 50 = 1289$（N·m），在切削过程中，主轴平稳，所以可以认为处于平衡状态，因此 $T_1 = T_2 = 1289$（N·m），方向如图 4-62 所示。

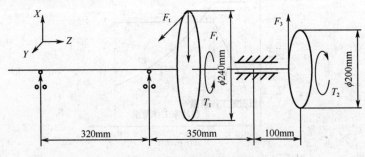

图 4-62 机床主轴受力模型

当主轴以 50r/min 传递全功率时，动力通过齿数 58，ϕ240mm 的齿轮传递到主轴，因此可由 T_1 推导出切向力：F_t=1289N·m/0.12m=10741（N），径向力 $F_r=F_t\tan\alpha=\tan20°\times F_t$=3909（N）。

低速时，一般用于大切用量，取工件半径 0.1m，由此估算主轴传递扭矩为 T_{max} 时的主切削力为 $F_3=T_2$/0.1m=1289N·m/0.1m=12890（N）

2．机床主轴几何模型的建立

从简化角度来看，由于 CA6140 机床主轴为阶梯轴，无法通过简化转化为平面模型，因此必须建立三维几何模型。在整个结构中，主轴每一部分都存在变形，因此必须对整个模型的变形进行分析，但是轴退刀槽较小，属于结构细节，对于分析主轴在工作中的变形影响不大，根据细节简化原则，忽略不计。这样大大减少了在将来单元划分中单元的个数轴。图 4-63 所示为主轴几何模型。

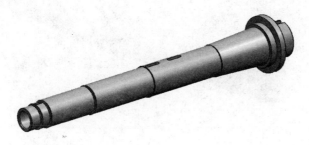

图 4-63　主轴几何模型

3．机床主轴有限元分析的前置处理

机床主轴为两支承结构，中间加辅助支承以起到提高刚度的作用。但是在低速重载运行时，轴变形大，所以辅助支承起作用，因此按三支承加约束。

依据图 4-62 所提供的力学简化模型添加约束和作用力。因为力主要来自于前端，且前端支承采用了卸荷装置，支承段长，因此在前端添加 X，Y，Z 三向移动约束和两向转动约束，中间支承和后端支承主要限制 X，Y 两个方向的移动，为防 Z 向过定义，所以中间支承，后支承只加 X，Y 向约束。

在分析过程中，使用 NX 系统自带的有限元分析模块进行网格划分，考虑到计算次数，计算的精确性等因素，本次划分采用四面体单元划分，采用智能划分方法，共产生 15335 个单元，4229 个节点，如图 4-64 所示。

图 4-64　前置处理

另外,主轴材料选用为 45 钢,材料属性:弹性模量为 210GPa,密度为 7.85g/cm^3,泊松比为 0.3。

4. 机床主轴有限元分析的后置处理

后置处理采用 NX 的 Nastran 解算器完成。处理后,系统输出最大变形:DMX=0.01106mm,变形最大点位于前支承与辅助支承之间安装齿轮处;最大应力为 9.647MP,也位于前支承与辅助支承之间,如图 4-65 所示。

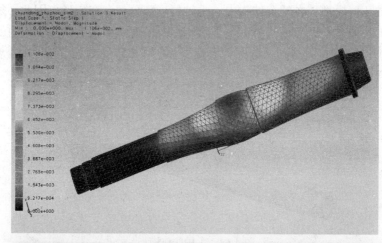

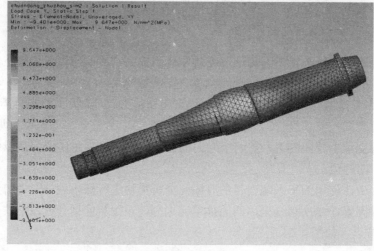

图 4-65 分析结果

5. 结果讨论

通过对主轴进行有限元分析计算表明:单一的机床主轴在切削力和传动力作用下,变形只有 0.01106mm,因此主轴零件对于机械加工中造成的误差很小,要消除机械加工中由于主轴组件所造成的误差,不但要提高主轴的刚度,同时也要提高整个主轴组件的刚度。

主轴的应力最大处在套有 Z58 齿轮的 ϕ90 段到前支承的交界处,所以,对于主轴的强化处理更应注意 ϕ90 段和前支承处。

4.11 本章小结

通过本章的学习,我们对 NX 运动仿真和高级仿真模块有了一个初步的了解和掌握,并且通过实例也可以对机床相关部件进行运动分析及结构有限元分析。更加深入的学习和研究,可以参考相关专业的书籍或者论文资料。

4.12 思考与练习

4-1 简要阐述完成一个 NX 运动仿真的主要步骤。

4-2 NX 机构运动学仿真和静态动力学仿真的区别,各自适用的场合?

4-3 常见的运动副类型有哪些?运动驱动的类型?

4-4 已知牛头刨床机构原始数据及设计要求如下:

(1) 刨刀所切削的工件长度 L=180mm,并要求刨刀在切削工件前后各有一段约 0.5L 的空刀行程。每分钟刨削 30 次;

(2) 为保证加工质量,要求刨刀在工作行程时,速度保持等速;

(3) 为提高生产率,刨刀应有急回特性,要求冲程速比因子 K=2。

请根据上述条件,完成机构方案设计、绘制机构简图,并在 NX 中完成机构建模、装配和运动仿真。

4-5 阐述 NX 高级仿真的作用及完成一个零件的有限元分析的常规步骤。

4-6 综合使用 NX 运动仿真及高级仿真模块,完成一个两级圆柱减速器的运动仿真及任意一根轴的有限元分析。

第 5 章　设计综合实训课程教学实施

5.1　设计综合实训目的和要求

5.1.1　设计综合实训的教学目的

设计综合实训属于机械结构设计能力培养模块。按照"知识传授与技能训练并重，强化能力综合实训"的教学模式，本实践教学是在学生学习完机械设计系列课程后进行的产品设计能力综合训练，以提高学生的工程实践能力。同时，本教学环节是学生进行毕业实习、毕业设计前的一门综合型设计与实践训练课程，应为以后搞好毕业设计和为今后从事相关方面的工作奠定较好的实践基础。

通过设计综合实训，应使学生获得产品设计、典型零件工艺设计和制造，以及质量检测、企业标准化等较全面的工程实践训练。设计综合实训突出工程实践训练和能力培养，帮助学生树立正确的设计思想、强化工程意识和机械设计的基本技能的培养，对培养学生的实际工作能力、增强社会适应能力具有十分重要的作用。

设计综合实训课程旨在为学生提供实实在在的大工程背景，以企业真实机械产品设计（机床）为目标对象，要求完成从总体方案设计、传动零、部件设计、装配图样与零件图样三维数字化设计、运动分析及有限元结构分析、工艺规程设计及《设计（计算）说明书》编写的整个过程，以使学生通过"真刀真枪"的工程实践训练得到正确设计思想和思路的培养；工程意识和经济意识的培养；分析和解决工程技术问题能力的培养；进行全流程的机械产品设计基本技能的培养。

5.1.2　设计综合实训的教学要求

（1）掌握工程设计的方法和步骤，掌握机械产品设计和制造的一般过程。

（2）掌握查阅和搜集文献资料并进行综合分析的方法。

（3）熟练应用设计资料、运用技术标准与规范进行理论计算、结构设计和进行机械产品设计。

（4）掌握机械系统设计知识，具备一般机械系统方案设计和分析的能力。

（5）掌握常用机构及其传动的运动学设计和工作能力设计的基本知识，具备一般通用机械的传动装置传动系统设计能力。

（6）能按机器的工作状况分析和计算作用在零件上的载荷，合理选择零件材料，正确计算零件的工作能力和确定零件尺寸，树立正确的工程意识和经济意识。

（7）掌握通用零部件工作能力设计、结构设计、组合设计，以及标准零部件的设计计算和选用。

（8）能考虑制造工艺、使用维护、经济和安全等问题，对机器和零件进行结构设计。

（9）正确运用国家制图标准，具有合理制定技术要求并制作完整机械工程图的能力。培养学生工程规范意识。

（10）具备进行机制工艺设计直至编写全套工艺规程文件的工艺实施的能力。能正确地解决一个零件在加工中的定位、夹紧，以及工艺路线安排、工艺尺寸确定等问题。

（11）全过程熟练运用 Simens NX 进行产品方案设计、结构设计、运动仿真、结构分析、零件加工工艺设计，具备使用 Simens NX 软件进行机械产品设计的能力。

5.2 设计综合实训教学实施

1．教学方法

根据各项目的任务与内容不同，运用多种教学方法（图 5-1），并注意以下几个相结合。

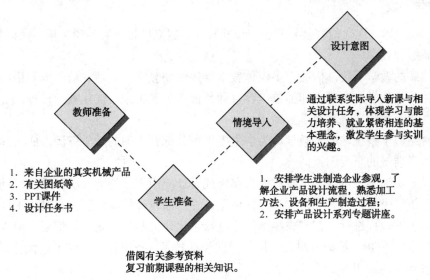

图 5-1　多种教学方法的运用

（1）知识传授与技能训练相结合，强化能力综合实训。

在实训教学中，安排学生去机械制造企业、实习基地参观，聘请企业工程师或生产管理人员开设机械产品设计专题，使学生了解机械产品的生产过程、企业生产运作方式与管理方法，同时，为本实训教学提供新知识的准备。

在实训中，通过合理安排设计任务，使学生掌握 NX 的 WAVE 设计模式，强化 NX 软件建模、绘图（输出标准二维图样）、运动分析和结构有限元分析的技能，并在教学过程中重点培养学生熟练运用设计标准与规范的能力。

在实训教学中,通过大量综合性的实践训练,使学生综合运用所学知识、技能分析问题,解决问题能力,把知识、技能转化为能力,并在整个过程中强化综合运用能力。

(2) 讨论式与探究式相结合。

注意选择一些具有开拓创新或挑战性的学习(或工作)任务,如"如何经技术经济分析后取得最佳工艺方案"等组建学习团队或虚拟班组,为讨论式、探究式学习创造基本条件,最大程度地调动学生的学习积极性,提高自主学习能力及团队合作精神。

(3) 过程考核与成果考核相结合。

任务完成的好坏,是检验学习效果的关键,所以教师应将成果好坏纳入到学生的考核体系中,除了考核成果,教师还严把学习的过程关,注重过程中培养学生分析问题和解决问题的能力。课程考核方式采用平时考核与成果评价考核相结合的方式进行,并逐渐过渡到完全以考核学生能力为考核目的的考核方式。

随着本课程教学经验的积累,课程教学的目的和要求越来越明确,教学模式的改革及教学方法的改革不断深入,我们将更加重视技能训练与能力培养,积极推行讨论式互动教学法,激发学生主动解决问题的积极性;利用实验室和企业实习基地,采用现场教学法,讲、练结合,提高学生学习兴趣;采用项目驱动、任务教学等方法,把培养机械产品结构设计能力贯穿于课程教学始终,使教学目的更加明确;利用网络教学,提高学生自主学习能力。

2. 教学手段

运用信息技术、现代教育技术和虚拟现实技术,建立虚拟仿真教学环境,优化教学过程,提高教学质量和效率。

改革传统的教学手段,借助于多媒体教学课件辅助教学,灵活、恰当地利用电子课件,进行演示和仿真教学,将难点和抽象内容直观易懂地表现出来,优化教学过程,提高学生的学习兴趣,提高教学质量和教学效率。

打造网络教学系统辅助于教学,为学生提供设计综合实训的教学资源,成为提高学生自学能力和教学质量的重要因素。

设计综合实训将三维数字化设计能力和现代设计应用方法能力(机械系统运动、动力性能和结构分析能力)纳入教学内容和考核体系。在产品设计的全过程中,利用 UG NX 软件采用自顶向下的流程进行,在完成零部件三维数字化建模和整机虚拟装配后,引入了机械系统运动学/动力学分析、结构有限元分析等现代设计技术,实现计算机结果最优化,设计过程高效化和自动化,如图 5-2 所示。

在设计过程中,以 Top-down 设计方法为主线(NX WAVE),适当结合 Bottom-up 设计方法,从整体到局部来完成整个设计过程。零部件三维模型,虚拟装配、运动仿真分析、结构力学分析、高级渲染、CAM、知识库与知识熔接工具有效结合,可管理的数字化开发环境(PLM)搭建了信息化平台,有效解决零部件从设计到生产所出现的技术问题,最终缩短产品开发周期、降低生产成本及优化产品性能。

3. 教学组织

设计综合实训的教学组织由专业系牵头,教务科、学生科协助进行教学准备、实施、管理和监督。

(1) 在设计综合实训实施前一周,由教务处安排指定专用机房,制定考勤标准。

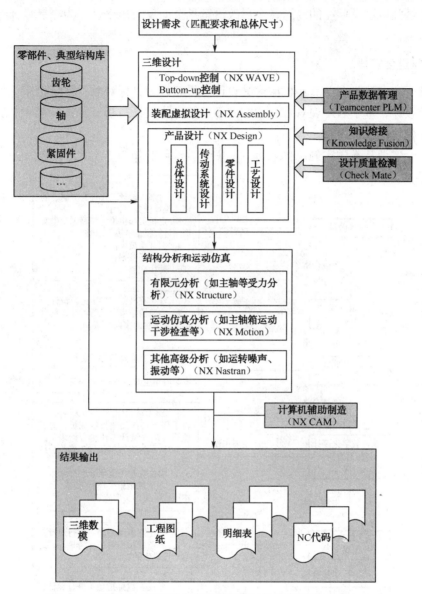

图 5-2　设计综合实训应用 NX 的技术路线

(2) 根据教学计划,在设计综合实训实施前一周,由教务处、专业系组织落实思想素质好、经验丰富的专业指导教师。

(3) 根据教学计划,在设计综合实训实施前一周,由教务处、专业系落实聘请有一定工作能力和相关技术职称的企业工程师担任设计综合实训兼职指导教师,教务处代表学院予以审核和聘用,发放聘书,并给予相关待遇。

(4) 根据教学计划,在设计综合实训实施前一周,由教务处、学生处和专业系共同审定设计综合实训实施计划。

(5) 在设计综合实训教学过程中,由教务处、学生处和指导教师共同对学生进行管理,了解学生的思想、学习、生活和出勤情况。

（6）设计综合实训结束后，由教务处组织开展设计综合实训经验交流，把教学工作情况、主要成绩、经验做法及存在的问题、今后改进意见全面反映出来，作为今后设计综合实训教学工作的借鉴。

4．教学进度安排

设计综合实训选择企业真实机械产品设计（机床）为目标对象，包括机床总体设计、机床传动系统设计、基于 NX WAVE 技术的零部件数字化设计与仿真分析、机械制造工艺与夹具设计四个模块的设计内容。

设计综合实训从教学实施总体来讲，其主要教学环节如图 5-3 所示。

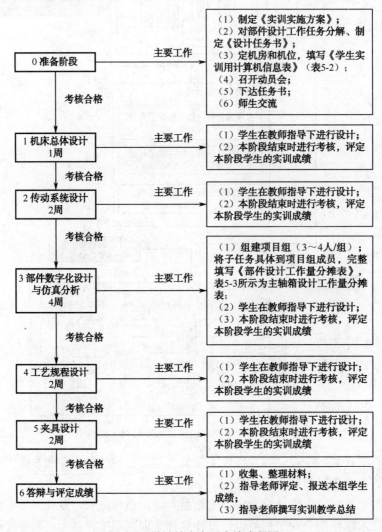

图 5-3　设计综合实训实施流程图

设计综合实训的进度安排如表 5-1 所示。

第5章 设计综合实训课程教学实施

表 5-1 设计综合实训教学进度表

阶段安排	教学环节	教学内容与要求	物化成果	教学进度
前期准备	教学准备	（1）课程负责人制定《设计综合实训实施方案》； （2）确定部件设计工作任务分解，填写《工作量分摊表》的"任务明细"项；制定设计综合实训任务书。 （3）课程负责人根据指导教师和设计任务，将参加实训学生进行分组； （4）课程负责人协助教务科，确定机房实训课务安排； （5）课程负责人对机房机位按组分区，将每一位指导教师的学生集中，便于实训指导和教学管理； （6）指导教师根据本组学生机位分配情况，落实本组学生实训用计算机，确保一人一台，并登记计算机相关信息（用于核实学生三维设计成果）	（1）《实施方案》； （2）《设计任务书》； （3）《实训课务安排表》； （4）《实训学生用机信息登记表》	实训前1周完成
	动员	（1）课程负责人做动员报告，介绍设计综合实训的意义和具体实施方法，进度安排； （2）指导教师下达设计任务，并对工作任务与学生进行必要的讲解和交流	召开动员会	实训第1天
第一阶段：机床总体设计阶段（1周，第10周）	设计与指导	（1）拟定机床运动方案； （2）确定机床技术参数（尺寸参数、运动参数、动力参数）； （3）确定机床总体布局； （4）绘制机床尺寸联系图； （5）完成本阶段性设计计算说明书	（1）机床尺寸联系图； （2）机床总体设计计算说明书（体现设计计算过程、方案）	实训第1周
	考核	（1）指导教师依据《设计综合实训机床总体设计考核评分表》，从平时表现、设计成果、质疑等方面评定学生成绩； （2）本阶段成绩占实训总成绩的20%	指导教师提交本组学生考核评分表	实训第1周周五下午
第二阶段：传动系统设计阶段（2周，11～12周）	设计与指导	（1）主传动系统设计，绘制机床主传动系统图； （2）车螺纹进给传动系统设计，绘制机床车螺纹传动系统图； （3）纵横向进给传动系统设计，绘制机床纵横向进给传动系统图； （4）绘制机床传动系统总图； （5）根据传动系统总图，列传动路线表达式并较核进给量； （6）完成本阶段性设计计算说明书	（1）机床传动系统总图； （2）机床传动系统设计计算说明书（体现设计计算过程、相关图表、校核计算）	实训第2～3周
	考核	（1）指导教师依据《设计综合实训机床传动系统设计考核评分表》，从平时表现、设计成果、质疑等方面评定学生成绩； （2）本阶段成绩占实训总成绩的30%	指导教师提交本组学生考核评分表	实训第3周
第三阶段：部件三维数字化设计及分析仿真阶段（3周，13～15周）	分配设计任务	（1）指导教师将本组此阶段设计任务进行分解； （2）教师组织学生每3～4人组成立一个项目组； （3）项目组通过自主讨论对每一分解的任务落实责任人	（1）指导教师填写《××部件设计任务分解及工作量统计表》； （2）学生填写《部件设计工作量分摊表》	实训第4周

续表

阶段安排	教学环节	教学内容与要求	物化成果	教学进度
第三阶段：部件三维数字化设计及分析仿真阶段（3周,13～15周）	设计与指导	（1）确定各传动件的计算转速； （2）初定传动轴直径； （3）齿轮设计计算； （4）确定传动带型号及根数； （5）建立部件总体控制结构； （6）子部件三维数字化设计； （7）箱体的设计； （8）部件总体装配； （9）完成总件装配工程图； （10）其他附件设计； （11）部件运动仿真； （12）有限元结构分析； （13）根据本人承担的设计任务，完成本阶段性设计计算说明书	（1）所负责的零部件三维模型、工程图、运动仿真和有限元分析解算模型一套； （2）设计计算说明书（体现设计计算过程、结构方案、相关模型及工程图）	实训第4～6周
	考核	（1）指导教师依据《设计综合实训三维数字化设计及分析仿真考核评分表》，从平时表现、设计成果、质疑等方面评定学生成绩； （2）本阶段成绩占实训总成绩的40%	指导教师提交本组学生考核评分表	实训第6周周五下午
第四阶段：机械加工工艺规程设计（1周，第16周）	设计与指导	（1）绘制产品零件图，对零件进行结构分析和工艺分析； （2）确定毛坯的种类及制造方法，绘制毛坯图； （3）拟定零件的机械加工工艺过程，选择各工序的加工设备和工艺装备，确定各工序的加工余量和工序尺寸，计算各工序的切削用量和工时定额； （4）填写机械加工工艺过程卡片、机械加工工序卡片、关键工序的检验卡片、热处理卡片等工艺文件； （5）本阶段性设计计算说明书编写	（1）加工工艺过程卡片； （2）机械加工工序卡片； （3）关键工序的检验卡片； （4）热处理卡片； （5）NX-WAVE工序模型1套	实训第7周
第五阶段：夹具设计（2周，第17～18周）	设计与指导	（1）建立NX工序模型； （2）确定夹具的总体结构方案，建立NX-WAVE控制结构； （3）进行夹具的NX实体结构设计； （4）绘制夹具的装配图、标注有关尺寸、配合及技术要求； （5）绘制夹具零件图； （6）本阶段性设计计算说明书编写	（1）夹具总装图（0#或1#图纸）1张； （2）夹具主要零件图1套； （3）基于NX-WAVE的夹具实体数字化模型1套	实训第8～9周
第六阶段：答辩与成绩评定（第19周周末）	答辩资格审查	（1）教师按照答辩资格审查条例，审查最终学生提交的设计计算说明书、模型、答辩PPT等成果材料； （2）确定答辩学生名单，报送教务科； （3）确定答辩时间、指定答辩教师及分组	答辩分组名单	实训第10周
	答辩	（1）学生按照答辩流程进行答辩； （2）教师提问，给出成绩。答辩成绩占实训总成绩的10%	（1）各小组答辩记录本； （2）各评委提交答辩成绩评分表	实训第10周

续表

阶段安排	教学环节	教学内容与要求	物化成果	教学进度
第六阶段：答辩与成绩评定（第19周周末）	成绩评定	（1）指导教师填写并提交《设计综合实训考核评分用表汇总》（见附件）； （2）课程负责教师计算总成绩。学生总评成绩=最终成绩=总体设计×10%+传动系统设计×20%+部件数字化设计×30%+工艺规程设计×15%+夹具设计×15%+答辩×10%； （3）课程负责教师按照五级分制录入成绩	（1）《设计综合实训考核评分用表汇总》； （2）教务系统提交成绩	实训第10周周末

表5-2 学生实训用计算机信息表

学生姓名	学号	计算机名	账户名	操作系统	NX软件版本	自备电脑（填"是"或"否"）

表5-3 主轴箱设计工作量分摊表

主轴箱三维数字设计及仿真分析			
项目组成员	工作量	工作量系数	

项目	明细	工作量	承担者
传动零件初步计算	确定主轴及各传动件的计算转速 初定传动轴直径 齿轮设计计算 确定传动带型号及根数	（备注：每人必做，做不计分，不做减10分）	每人必做
零部件三维数字化设计 (100)	建立部件总体控制结构	10	
	主轴组件设计（轴Ⅳ）	15	
	传动轴Ⅰ及组件	15	
	传动轴Ⅱ及组件	15	
	传动轴Ⅲ、Ⅳ及组件	15	
	箱体的设计	10	
	总装配及装配工程图	10	
	其他附件	10	
运动仿真及有限元结构分析	部件运动仿真 有限元结构分析	（备注：每人必做，做不计分，不做减10分）	每人必做

5.3 设计综合实训内容与考核评价

5.3.1 设计综合实训的主要内容

全流程的设计综合实训包括机床总体设计、机床传动系统设计、基于NX WAVE技术的零部件数字化设计、机械加工工艺规程设计四个阶段的设计内容，如图5-4所示。

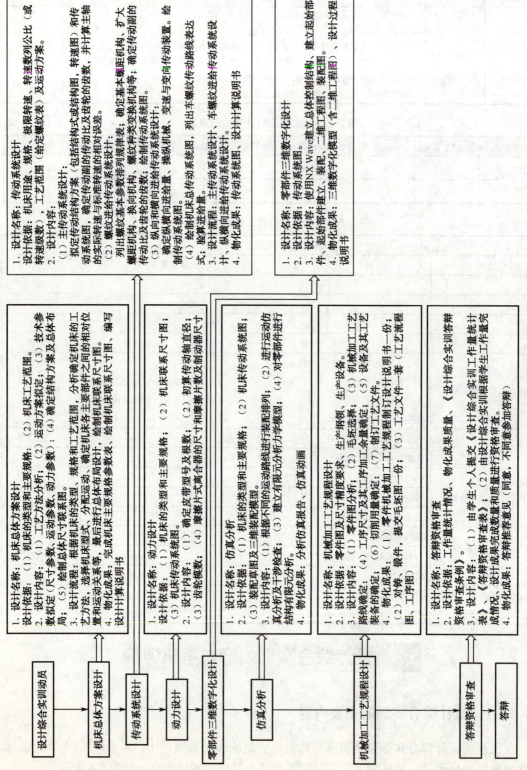

图 5-4 《设计综合实训》的主要工作内容

1. 机床总体设计

要求根据给定机床的主要技术参数，完成机床总体设计。机床总体设计部分要求完成以下任务。

(1) 拟定机床运动方案。
(2) 确定机床技术参数（尺寸参数、运动参数、动力参数）。
(3) 确定机床总体布局。
(4) 绘制机床总体尺寸联系图。
(5) 编写总体设计说明书。

2. 机床传动系统设计

要求根据给定机床的技术参数（包括技术参数表、螺纹表），完成车床传动系统设计。机床传动系统设计部分要求完成以下任务。

(1) 完成车床主传动系统设计，绘制主传动系统图。
(2) 完成车床车螺纹进给传动系统设计，绘制车螺纹进给传动系统图。
(3) 完成车床纵横向进给传动系统设计，绘制纵横向传动系统图。
(4) 绘制车床总传动系统图，列传动路线表达式。
(5) 编写设计计算说明书。

3. 零部件三维数字化设计

在完成机床总体设计、传动系统设计后，即可以组织学生以小组独立工作方式，根据指导教师下达的任务，分别对机床中的主轴箱、进给箱、溜板箱进行详细的零部件三维数字化设计。

本部分要求完成以下任务。

(1) 完成传动零件的初步计算。
(2) 使用 UG WAVE 技术进行部件的总体控制结构。
(3) 建立起始部件。
(4) 建立各轴的控制结构。
(5) 轴组件的设计。
(6) 轴的强度校核。
(7) 箱体的设计。
(8) 建立连接部件进行部件总体装配。
(9) 完成总件装配工程图、零件工作图。
(10) 完成部件的运动仿真和分析。
(11) 完成传动件的有限元结构分析。
(12) 编写设计计算说明书。

4. 典型零件机械加工工艺规程制订

完成一个典型零件的机械加工工艺规程设计（零件由指导教师指定），生产纲领为中批或大批生产。

本部分要求完成以下任务。
(1) 绘制零件图，分析零件图。
(2) 确定毛坯或型材，绘制毛坯图（铸件）。
(3) 拟订工艺路线。
(4) 确定工序尺寸和技术要求及检验方法。
(5) 确定各工序的设备、刀具、夹具、量具。
(6) 填写工艺文件（机械加工工艺卡过程卡、机械加工工序卡）。
(7) 编写设计计算说明书。

5.3.2 考核方法及成绩评定

考核前成立本课程答辩小组进行答辩资格审查。同时，考核以提交物化成果及答辩形式进行，要求学生单独答辩。指导教师在学生完成所有设计任务后，根据模型、图纸、设计计算说明书，以及答辩情况等对设计进行综合评定。成绩评价为五级制，即优、良、中、及格、不及格。

1. 答辩资格审查

实训学生经过严格的资格审查后方能参加答辩。

资格审查的程序如下。

(1) 指导教师应根据设计任务，核定学生应该完成的额定工作量；指导教师应对学生的考勤情况进行汇总；指导教师应对学生的设计文档、物化成果进行初步审查。

(2) 实训学生向指导教师递交《设计综合实训工作量记录表》、《设计综合实训答辩申请表》。

设计综合实训的成绩分别由指导教师、答辩委员会评定，总成绩由两部分组成：审阅分、答辩分。总成绩结果应换算成五级分制。

(3) 指导教师依据资格审查条例对实训学生的答辩资格进行严格审查。资格审查条例如下。

有下列问题之一者，取消答辩资格。

① 未能完成实训工作任务者。
② 设计综合实训任一阶段任务质量评价为不合格者。
③ 缺勤的时间超过要求的20%（包括请假时间在内）以上者。
④ 设计计算说明书未按照《设计计算说明书样式》要求规范撰写者。
⑤ 设计计算、三维模型、工程图有严重错误者。
⑥ 凡抄袭或找人代做者，一律以作弊论处，所有当事人设计综合实训成绩记均为不及格。

2. 成绩评定

设计综合实训的成绩分别由指导教师、评阅人、答辩委员会评定，总成绩由两部分组成：审阅分、答辩分。总成绩结果应换算成五级分制。

(1) 审阅分。(70分)

审阅分由指导教师评定，评定的依据如下。

① 掌握基础理论，基本知识和基本技能的情况，以及综合运用的能力。
② 独立工作，分析问题、解决问题的能力。
③ 完成设计任务的情况。
④ 设计计算说明书及相关成果资料质量。
⑤ 工作勤奋情况、遵守纪律、实习出勤情况。

（2）答辩分。（30分）

答辩分由答辩组在学生答辩后给定评分，评定的依据如下。
① 答辩报告反映设计工作的程度。
② 设计质量。
③ 基本理论、知识、方法和原理的掌握与运用情况。
④ 回答问题准确与流利程度。

参考文献

[1] 毛谦德，李振清. 袖珍机械设计师手册[M]. 北京：机械工业出版社，2006.
[2] 李庆余，孟广耀. 机械制造装备设计[M]. 北京：机械工业出版社，2008.
[3] 王旭华. 三维建模与机械工程图[M]. 南京：东南大学出版社，2009.
[4] 冯辛安. 机械制造装备设计[M]. 北京：机械工业出版社，2007.
[5] 夏广岚，冯凭. 金属切削机床[M]. 北京：北京大学出版社，2008.
[6] 胡小康. UG NX6 运动仿真培训教程[M]. 北京：清华大学出版社，2009.
[7] 洪如瑾. UG NX4 高级仿真培训教程[M]. 北京：清华大学出版社，2007.
[8] 胡青泥，等. 机械制图[M]. 北京：高等教育出版社，2007.
[9] 洪如瑾. UG NX6 CAD 快速入门指导[M]. 北京：清华大学出版社，2009.
[10] 洪如瑾. UG WAVE 产品设计技术培训教程[M]. 北京：清华大学出版社，2002.
[11] 吴克坚，于晓红等. 机械设计[M]. 北京：高等教育出版社，2003.
[12] 现代实用机床设计手册编委会. 现代实用机床设计手册[M]. 北京：机械工业出版社，2006.
[13] 钟奇，王晓军. UG NX7.5 高级应用教程[M]. 北京：机械工业出版社，2012.